U0065633

達克比辦案 6

暴龍遇到雞

動物的祖先與演化

文 胡妙芬　　圖 彭永成、柯智元

親子天下 Education · Parenting Family Lifestyle

課本像漫畫書 童年夢想實現了

臺灣大學昆蟲系名譽教授、蜻蜓石有機生態農場場長 **石正人**

讀漫畫，看卡通，一直是小朋友的最愛。回想小學時，放學回家的路上，最期待的是經過出租漫畫店，大家湊點錢，好幾個同學擠在一起，爭看《諸葛四郎大戰魔鬼黨》，書中的四郎與真平，成了我心目中的英雄人物。我常看到忘記回家，還勞動學校老師出來趕人，當時心中嘀咕著：「如果課本像漫畫書，不知有多好！」

拿到《達克比辦案》系列書稿，看著看著，竟然就翻到最後一頁，欲罷不能。這是一套將知識融入漫畫的書，非常吸引人。作者以動物警察達克比為主角，合理的帶領讀者深入動物世界，調查各種動物的行為和生態，透過漫畫呈現很多深奧的知識，例如擬態、偽裝、共生、演化等，躍然紙上非常有趣。書中不時穿插「小檔案」和「辦案筆記」等小單元，讓人覺得像在看CSI影片一樣的精采；許多生物科學的知識，也不知不覺進入讀者腦海中。

真是為現代的學生感到高興，有這麼精采的科學漫畫讀本，也期待動物警察達克比，繼續帶領大家深入生物世界，發掘更多、更新鮮的知識。我相信，有一天達克比在小孩的心目中，會像是我小時候心目中的四郎和真平一般。

我幼年期待的夢想：「如果課本像漫畫書」，真的是實現了！

兼具漫畫書趣味與教科書專業的好書

國立自然科學博物館 科學教育組主任 **張鈞翔**

《達克比辦案 6：暴龍遇到雞》一書，觸動了我兒時所懷抱的恐龍夢想——從恐龍與鳥（雞）的親緣關係，到鯨豚重新下海的演化歷程；從可愛的無尾熊引出大陸漂移議題，到翼龍與鳥空中的爭奇鬥豔，再到活化石的古老傳說，藉由輕鬆的漫畫呈現及親近大眾的閱讀方式，帶領著讀者吸取當前的化石研究與古生物新知。

我在大學教授古生物學多年，非常驚訝這些在課堂上看似深奧又無趣的古生物，竟然能化身為如此令人驚艷的生動造型與故事情節，並在趣味辦案的引領之下，湧現出專業的科學訊息，包括生命的演化、生物的發展、環境的適應、板塊的漂移與滅絕的事件……兼具了漫畫書的趣味與教科書的專業，讓我迫不及待想要推薦給課堂上的大學生閱讀！

當然，這本書更適合親子共讀，您可以跟孩子一起探討恐龍與雞、鯨豚與河馬，是親戚還是後裔？為什麼無尾熊和鴨嘴獸現在只在澳洲看到？天上有鳥在飛翔，但為何稱霸古代天空的翼龍不見了？許許多多的的好奇與疑問，都能在書中得到充分滿足。所有懷抱恐龍夢的大朋友、小朋友，千萬不要錯過這本知識深度與趣味兼具的好書！

重新認識達克比的身世

金鼎獎科普作家 **張東君**

在跟達克比打交道到第六集，看慣了他身為警察的樣貌之後，就很有可能會忘記他其實是住在水中的哺乳類，而且還是少見的「例外」——從蛋裡面孵出來的哺乳類。

所以每當我在演講或辦活動時問聽眾：「鴨嘴獸是什麼類（動物）？」得到的答案通常是：「鴨嘴獸？那是什麼？有這種動物喔……」若再繼續追問：「那鴨嘴獸是生寶寶還是生蛋？」，由於是二選一，答對的比例比較高，但通常是猜對不是真的知道。

在不太多的機會中，才會有人在聽完基本解說後想要繼續問下去：「你說牠們的嘴巴像鴨子，那要怎麼吃奶啊？」當然，以鴨嘴獸的喙部形狀，是沒辦法吸奶的，所以鴨嘴獸媽媽也沒有乳頭，乳汁是直接流到毛上，讓寶寶舔著喝。

作者妙妙這次的作品，主要是在談演化，除了提到我喜歡的恐龍，以及恐龍跟雞之間的關係，還藉由達克比的奇幻／科幻旅程，讓讀者重新認識鴨嘴獸達克比的身世， 順道認識了他的老老老老……祖宗是誰，從前在哪裡過著什麼樣的日子，非常有趣又有高度知識性。

書中還談到了活化石，特別是鱟，在金門還看得到。有機會的話，歡迎大家到水產試驗所的金門分所去看看鱟的展示，相信你一定會覺得很有收穫。

對抗孩子閱讀偏食的最佳解方

資深國小老師教師、教育部 101 年度閱讀磐石個人獎得主 **林怡辰**

《達克比辦案》系列第六集終於出版了！笑著看完整本書，對這套書的喜愛，讓我每當演講場合，總是自發、大力、無私的推薦這套會讓人「自燃」又超級「有料」的知識漫畫。

自燃是因為只要把這套書輕輕放在圖書館架上，就可以看見一群孩子手腳俐落的借走，翻開書頁癡癡的笑著，眼睛會發光，高趣味高動機，讓孩子的閱讀興趣自燃。科普書這麼有料的確實不多，更重要的是將一個個動物知識以辦案謎題包裝，當孩子在好奇追查的過程，無形中也增加了知識探索的能力，更吸收了科學家研究的想法、困難與歷程；看完之後，他們報告的知識密度自然就跟著提高，有這樣有料的好書，確實是讀者的福氣。

常遇到師長皺著眉頭來問：「孩子閱讀偏食怎麼辦？」就讓他閱讀這本書吧！知識不是分別獨立的科目，故事從孩子最愛的一群恐龍出發，勾起他們的興趣，接著延伸出演化證據、化石、骨頭線索、痕跡器官等各種知識，擴散閱讀範圍，成為主題閱讀。而書中探討的有趣問題，例如：恐龍和雞為什麼會有親戚關係？從哪裡可以知道？科學家又是怎麼說服我們？不管角色塑造與故事都非常生動，更提供了明確的化石照片、證據與說明。這樣能讓讀者歡樂，卻又能無壓吸收艱深演化知識的書，只有達克比了！

目錄

鴨嘴獸「達克比」是一個動物警察，
駐守在河邊的小木屋派出所。

達克比的任務裝備

達克比，游河裡，上山下海，哪兒都去；
有愛心，守正義，打擊犯罪，他跑第一。

猜猜看，他會遇到什麼有趣的動物案件呢？

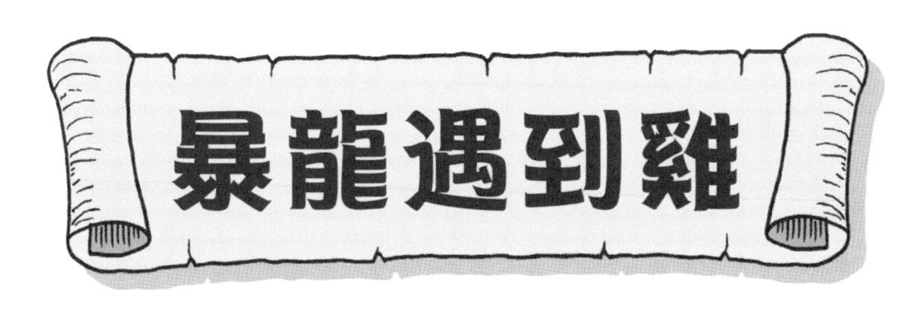
暴龍遇到雞

嗞！
嗞！
%＊±◎※△＊！
®□×※®§©！
（報告老大！我們穿梭時空抓來的地球動物，已經全部研究完畢！）

※#！
（很好！）
○×※#
（辛苦了。）
□×※#！
△®○§©○！
（放他們回地球吧！）

※#！
（可是……）
咳！

%＊#、◎※#！
®§©&＊#、？
（萬一他們回家說出
我們的祕密怎麼辦？）

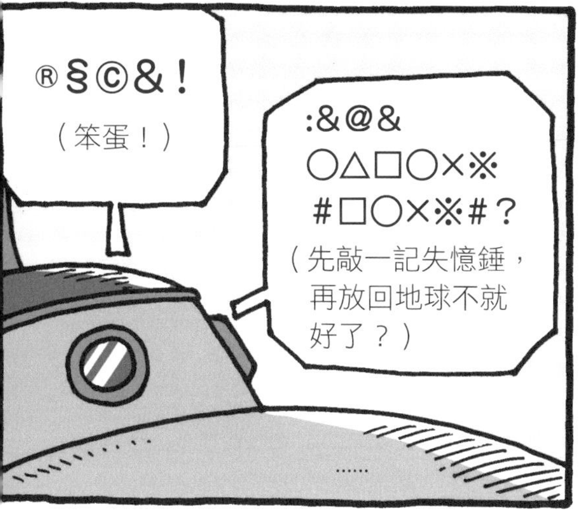
®§©&！
（笨蛋！）
:&@&
○△□○×※
#□○×※#？
（先敲一記失憶錘，
再放回地球不就
好了？）
……

:&@&○△□○
×※#！®§©！
（老大真聰明！）
※#
（對喔！）

×※#！®&～
（去吧！再見囉～）

吼！

喂！這是什麼
鬼地方？
誰知道啊？

!
咻～
咻～

啊!

這……
真是……

不敢相信！

快樂農場
咕咕！
咕咕咕！
咕咕咕！

咕咕咕！
咕咕咕！
咕咕咕！
咕咕！

？
咦？
？

嘩！
咕咕，那是什麼？
沒看過這種動物……

吼！
咕咕！
喔喔！
咕！

不要怕！
大家保持鎮定！
揮！！

有我戰鬥雞在，你休想傷害大家！

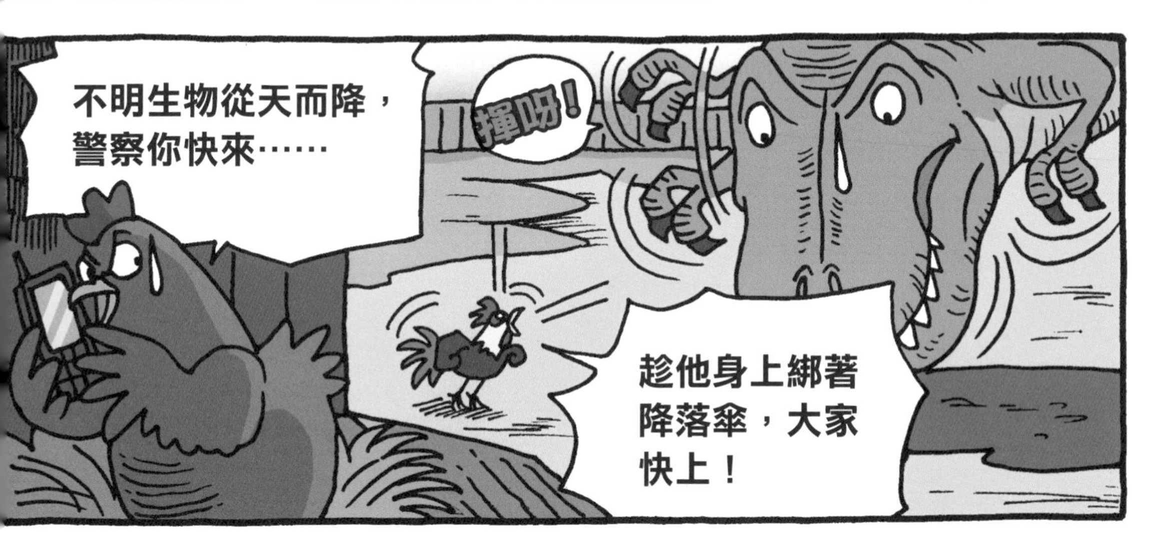
不明生物從天而降，警察你快來……
揮呀！
趁他身上綁著降落傘，大家快上！

馬上到！
咚——
啊咕咕！

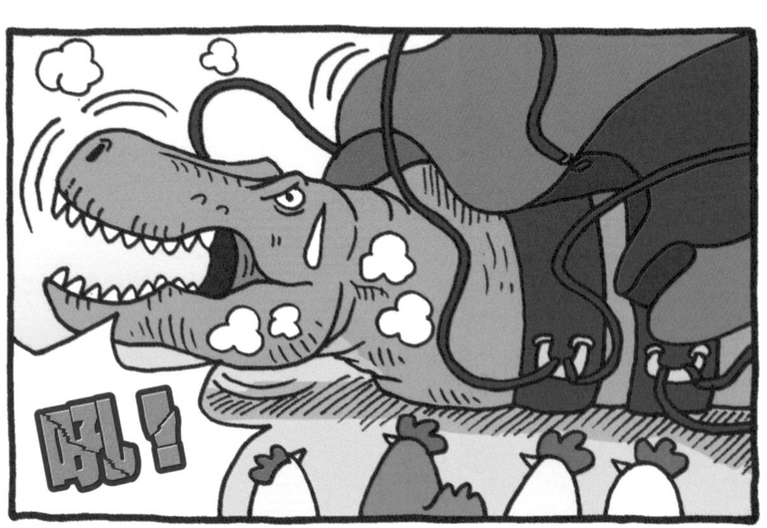
吼！

就是現在！

用繩子綁住他！
用力拉～
咕咕！
咕咕！
咕～

暴龍小檔案

姓 名	暴龍（學名 *Tyrannosaurus rex*）
別 名	霸王龍、雷克斯暴龍
生存年代	距今約 6700 萬～ 6500 萬年前的中生代白堊紀
體 型	身體大約 13 公尺長，體重超過 6000 公斤，站起來高 6 公尺，大約是三樓的高度。
特 徵	暴龍是大型的肉食性恐龍，身形巨大，前腳卻又短又小，每隻前腳擁有兩根腳趾。嘴巴咬合力很強，牙齒長度將近 30 公分，可以直接咬穿三角龍的頭骨。
待查事實	從天而降，闖入農場。

嗚哇哇哇哇～

你們都欺負我～
我又沒有怎麼樣……

我只是……被……

被那個誰？
我怎麼想
不起來……

哇哇！反正就是有人把
我丟進來，我又不是故
意闖進來的！

?
別哭，你說的
我都聽到了……

大家好，我是動物警察
達克比，雖然我不知道
他是誰，但他都沒傷害到
半個人，不該一開始就
被當成壞人。

說的也是……
只是，他真的
長得太可怕……
拍拍！

他沒犯什麼罪，
放了他。

不行！這傢伙來
歷不明，沒人知
道他是誰！
鬆
鬆

如果我的同伴受到傷害，你要負責嗎？

哎呀不會啦，有我在，諒他不敢做什麼壞事。

吼！吼！
咕咕！
啊！
咕嘰嘰！

呃～
救命……
砰！
砰！

！
刷～

咕咕咕！

你連警察
都敢抓？
不怕犯法嗎！

本大爺想吃就抓，
什麼「警察」？
沒聽過！

：大暴龍！你知道嗎？雞可能是你的後代！千萬別吃你自己的子孫，不然你會後悔！

：什麼「G」？根本沒聽過～吼！

：什麼？他是暴龍？

：我是雞，不是「G」！這傢伙怎麼會是我們的祖先呢？

偶像！先跟我
拍照一下……
噠噠

笑一個！
露出牙齒！

再一張！
西瓜甜不甜～

大家一起來嘛～
快來照相！

暴龍是六千多萬
年前的古生物，
很難得喔！

你說「G」是我的後代？
把話說清楚！
：別激動啊！你聽我說，人類研究化石的結果發現——鳥類是恐龍的後代，所以這些雞的祖先跟你一樣，是生活在幾千萬年前的恐龍！
：可是我們的身上有羽毛，他沒有！
：誰說他沒有的？暴龍先生，你小時候身上也是長著羽毛的吧？

暴龍身上長羽毛？

吼，你怎麼知道……

到目前為止，科學家並沒有找到長著羽毛的暴龍化石。但是，暴龍其他親戚的化石，上面卻都有羽毛痕跡，所以古生物學家推論，暴龍小時候可能全身長滿羽毛，就像毛絨絨的小雞一樣。這些羽毛能幫牠們保暖，一直等到牠們長成龐然大物後，再也不怕冷了，羽毛就會脫落不見，以免體溫太高。

：這個理論有個破綻──既然小暴龍有羽毛，為什麼沒有保留在化石裡面呢？

：沒辦法，因為羽毛太軟了，埋進地下以後就跟毛髮、皮膚或肉一樣，很容易快速腐爛。所以在大部分的化石裡，羽毛都消失了，只有很少數的恐龍，剛好被埋在緻密的黏土層裡，才幸運保留下來羽毛的痕跡。

：我還是不信！「G」這麼小！羽毛也跟我小時候的不一樣，怎麼可能是我的子孫呢？

：暴龍先生……這就是神奇的「生物演化」啊！

羽毛的演化——從恐龍到鳥類

鳥類是恐龍的後代，所以鳥類的羽毛，也是從恐龍身上的原始羽毛演化來的。一開始，恐龍的羽毛只能用來裝飾或保暖，沒有辦法飛上天空，後來經過漫長時間的演化，才成為可以飛行的工具。

恐龍羽毛的演化過程

羽毛又細又軟，不像堅硬的骨頭、牙齒或爪子那麼容易形成化石。它們在地層中，很容易被微生物快速分解而消失不見，只有在極少數微生物不容易生存的地層中，才有機會保存下來。例如在非常細密又缺氧的黏土地層中，恐龍或鳥類身上的羽毛，就有足夠的時間形成化石，或是在地層中留下羽毛的痕跡。

科學家就是根據這些稀有、寶貴的化石證據，來推測羽毛的演化過程。雖然到目前為止，科學家並沒有找到暴龍的羽毛化石，但因為跟暴龍相近的許多肉食恐龍都有羽毛，所以有些科學家認為暴龍小時候可能也擁有髮狀或簇狀的原始羽毛，長大後因為體型非常龐大，不需要利用羽毛保暖，羽毛才脫落不見。

1 髮狀的原始羽毛

恐龍的羽毛是皮膚的突出物。
最早的羽毛應該只是一根根細細的、
中空的、像毛髮一般的構造。

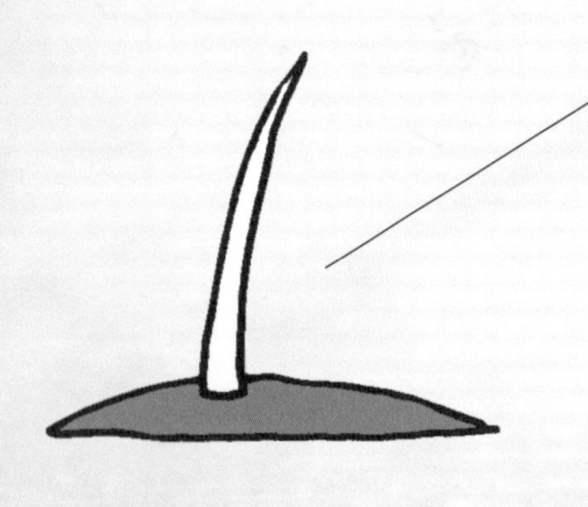

距今大約一億兩千多萬年的中華龍鳥，
背上就長滿這種髮狀羽毛。
圖為中華龍鳥的化石。

2 簇狀的絨毛

羽毛開始長成一簇簇的，非常散亂，
但是保溫效果很好。

3 羽毛開始有中軸

細小的羽枝上還沒有
形成小鉤子，所以不會相互鉤在一起。
羽毛還很散亂，不適合用來拍打空氣。

距今一億兩千多萬年前的尾羽龍，身上有成簇用來保溫的絨羽，
尾巴上則有成片、兩側對稱的羽毛，功能可能是用來吸引配偶。

4 兩側對稱的片狀羽毛

羽枝上出現小鉤子，能把羽枝整齊的鉤在一起，
排列成緊密、片狀的羽毛，但只能用來保暖或裝飾，
還不能用來飛行。

5 兩側不對稱的片狀羽毛

羽毛演化成兩側不對稱以後，
在空中拍打時才能自然而然
形成上昇的力量，終於可以
真正用來飛行。

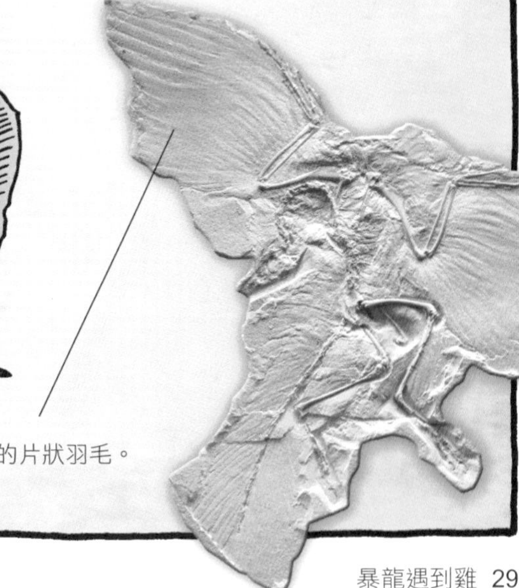

始祖鳥已經具有飛行能力，因為牠們擁有兩側不對稱的片狀羽毛。
圖為始祖鳥的化石。

從虛骨龍類到鳥類

飛行不是一件容易的事，除了要有靈活的翅膀和強壯的肌肉，體重還不能太重，才能順利飛上天。恐龍世界恰好有一個家族擁有這樣的條件，那就是骨頭中空、體態輕盈的「虛骨龍類」，牠們的後代慢慢演化出翅膀和羽毛，終於飛上青天、演化成鳥類，一直延續到現代。

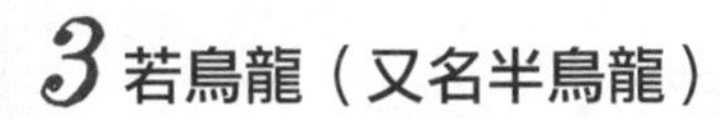

3 若鳥龍（又名半鳥龍）

肩關節演化出揮動、拍打的能力，但還沒有演化出可以飛行的羽毛。

7 始小翼鳥

拇指上出現一束跟現代鳥類一樣的「小翼羽」，可幫助穩定飛行。

6 始祖鳥

擁有可以飛行的不對稱羽毛，稱為「飛羽」。

8 現代鳥類

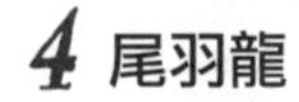

4 尾羽龍

5 原始祖鳥

暴龍和這些有羽恐龍，同屬於「虛骨龍類」。所以，就算暴龍不是雞的祖先，也是同一個家族的親戚長輩喔。

你是誰？從哪冒出來的？講的話可信嗎？

我說的都是真的！

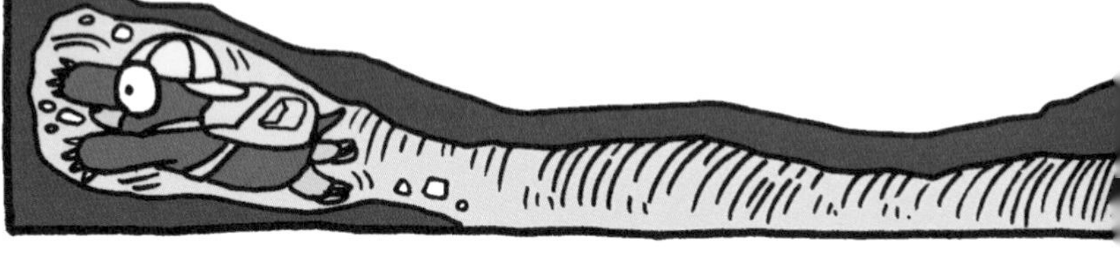
我的名字叫小博，是整天都在地底鑽來鑽去的鼴鼠，所以我研究過很多化石！虛骨龍和鳥類的骨頭一樣是中空的。之前也有科學家發現，暴龍的腿部化石有「骨髓骨」，這是現代鳥類才有的特徵，證明恐龍真的是鳥的祖先！

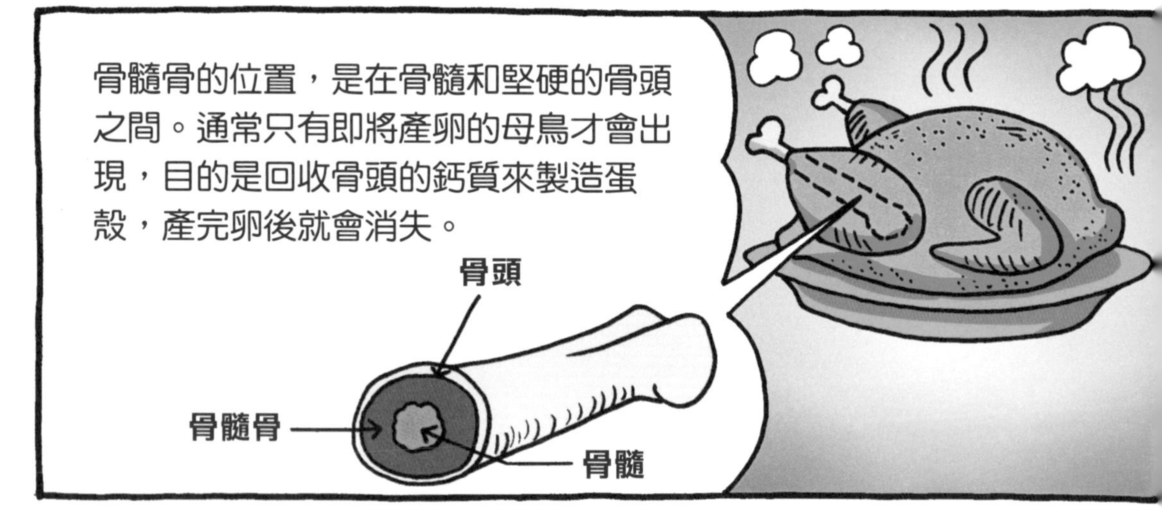
骨髓骨的位置，是在骨髓和堅硬的骨頭之間。通常只有即將產卵的母鳥才會出現，目的是回收骨頭的鈣質來製造蛋殼，產完卵後就會消失。
骨頭
骨髓骨
骨髓

骨髓骨？
好專業……

啊！
?

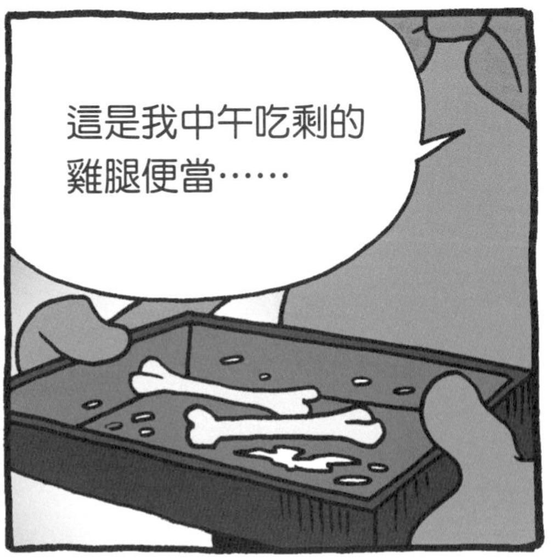
這是我中午吃剩的
雞腿便當……

雞腿的骨頭咬起來
脆脆的，真的有骨
髓骨耶！

這證明雞真的是恐龍的後代，
要對自己的祖先好一點喔！
怒
怒

踢
啊達～
為什麼
踢我？

祖先！這樣按摩
舒不舒服？
祖先，
請喝飲料！
吐出來！
竟然吃掉
我們的同伴！

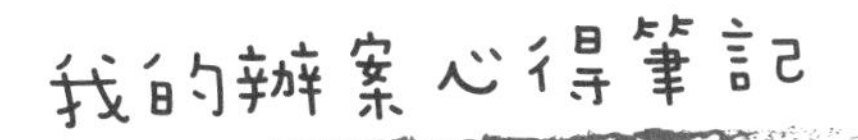

報案人：快樂農場的母雞

報案原因：不知名的恐怖動物從天而降

調查結果：

1. 恐龍是鳥類的祖先。虛骨龍類的恐龍演化成鳥，一直繁衍到現代。

2. 科學家認為，大部分虛骨龍家族的恐龍應該都擁有羽毛，包括細顎龍、恐爪龍、竊蛋龍……也包括暴龍。

3. 原始的羽毛出現時是為了保暖，不是飛行，後來慢慢演化成兩側不對稱的片狀羽毛，才終於可以飛行，這種羽毛又稱為「飛羽」。

4. 經過雞群的廣為宣傳，附近的大小鳥類都爭先恐後的到快樂農場看祖先。

調查心得：

暴龍與小雞，相差千萬里；
演化神通大，祕密藏骨裡。

會走路的鯨魚

聽你這麼說……原來
是外星人把古生物丟
到現代來啊！

小博好厲害，
你要多幫幫我喔！

包在我身上！

我對古生物最
有興趣了！

吱——
吱——
我還想看
外星人！

嘩
嘩

海水浴場
呼呼
呼

發生了什麼事？救生員，是你報案的嗎？

是的，警察先生。這孩子走丟了……

他這麼小，連話都說不清楚。沒人陪又愈游愈深，根本找不到他的媽媽……
嗚
嗚

餓！
咕嚕
咕嚕

嗚哇～
嗚哇～餓餓

小朋友先不哭。
告訴我馬麻是誰，
叔叔帶你去找她。
咕嚕

馬麻ㄧㄡˊ ㄗㄡˇ～
ㄐㄧㄥ～ㄧㄡˊ
ㄗㄡˇ～ㄐㄧ～
油走……
雞？

在油上走路的雞？
腳底抹油的雞？
沒聽過這種動物
啊！
滑
……

反正，我看他長得有點像鱷魚，已經先通知鱷魚媽媽來認領他。

呼
呼
！

ㄋㄟ ㄋㄟ～
ㄋㄟ ㄋㄟ～
喝喝

原來是鱷魚寶寶啊！可是……好像哪裡怪怪的……

啊！
我知道了！

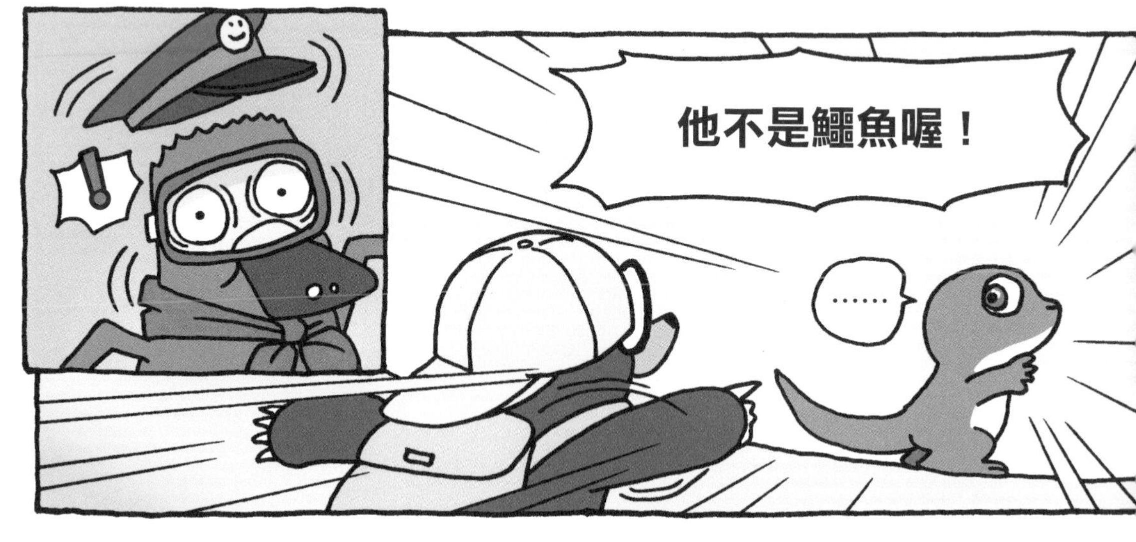

他不是鱷魚喔！
……

咚
是鯨魚！
鏘
？

拜託！
想騙誰？

他有腳！又會
走路！跟鯨魚
根本兩樣嘛！

相信我！
他是現代鯨魚的
老祖先：會游泳
又會走路的
「游走鯨」！

游走鯨小檔案

姓　名	游走鯨（學名 *Ambulocetus natans*）
別　名	走鯨、步行鯨或陸行鯨
生存時間	距今大約 4900 萬年前
特　徵	長大後體長大約 3 公尺
犯罪嫌疑	體型像鱷魚，但是身上有毛，屬於哺乳類動物。腳趾之間有蹼，適合游泳，也能行走，不過在水裡游泳比在陸上行走還要靈活。
生活習性	擅長安靜的埋伏在岸邊的淺水中，等待時機衝出水面抓小動物來吃。
待查事實	闖入海水浴場，找不到媽媽。

：他又不是河馬寶寶，我們不是同種動物，亂喝會生病的耶！

：這我懂，但是在現代的陸地動物裡，就屬河馬跟鯨魚的親緣關係最接近，母奶的成分應該也最接近吧……

：我也拜託你！這個古代的動物寶寶被莫名其妙的丟到現代來，很可憐，就請您行個好，幫幫忙吧！

河馬是鯨魚的近親

最晚從五千萬年前開始，鯨魚祖先從長著毛、四隻腳的陸地生物，慢慢演化成海洋生物。到了現代，鯨魚家族還有沒有遠房親戚留在陸地上呢？答案是——有！那就是「河馬」。因為有一種特殊的基因只有河馬和鯨魚才有，這表示鯨魚和河馬具有親戚關係，這種基因是從牠們共同的祖先遺傳而來的。

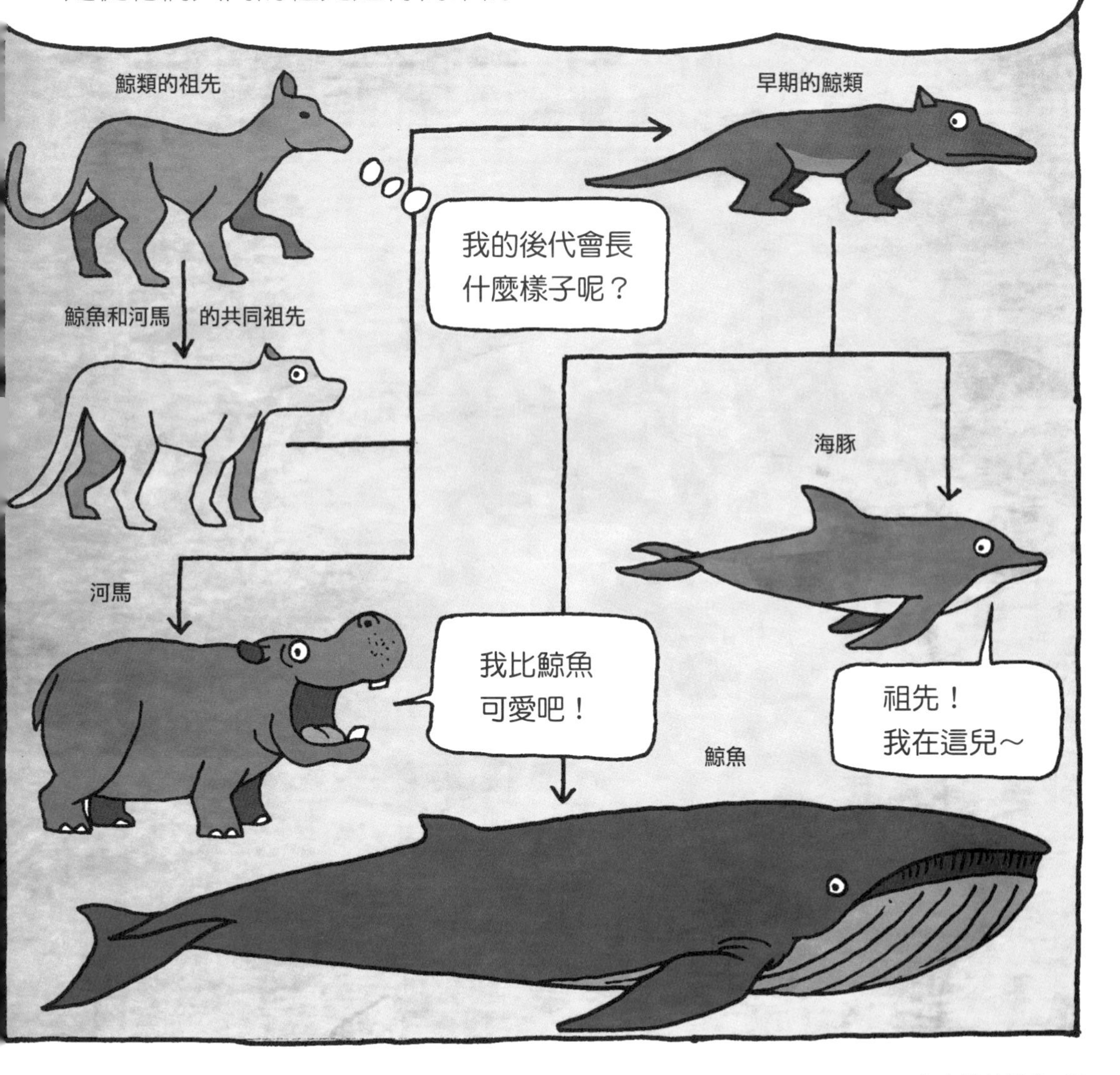

從陸地到海洋

鯨魚的演化過程

科學家至今仍不確定鯨魚祖先從陸地進入海洋的原因。但是，古代的海洋環境對鯨魚的生存一定很有利，所以牠們很快就從陸地生物演化成海洋生物，前後所花的時間不到一千萬年。

① 最早的鯨類住在陸地，偶爾才游進水裡吃魚。
水裡有浮力，游起泳來比在陸地走路輕鬆。

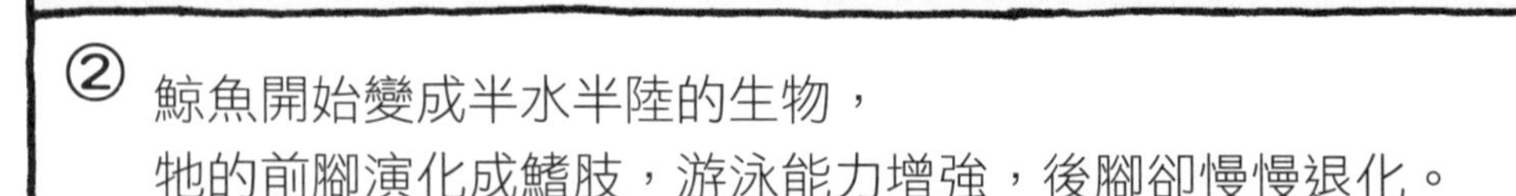

② 鯨魚開始變成半水半陸的生物，
牠的前腳演化成鰭肢，游泳能力增強，後腳卻慢慢退化。

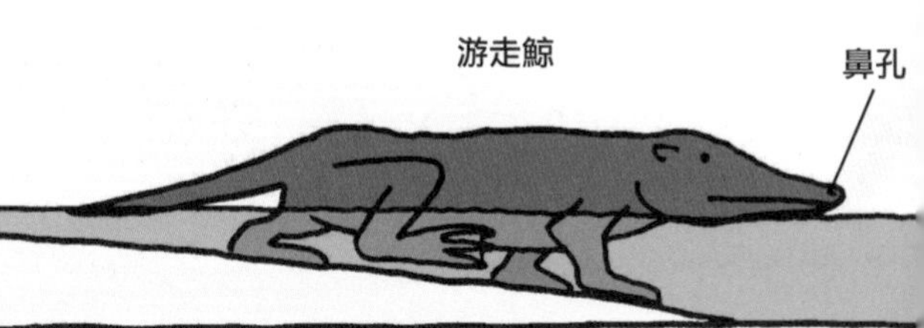

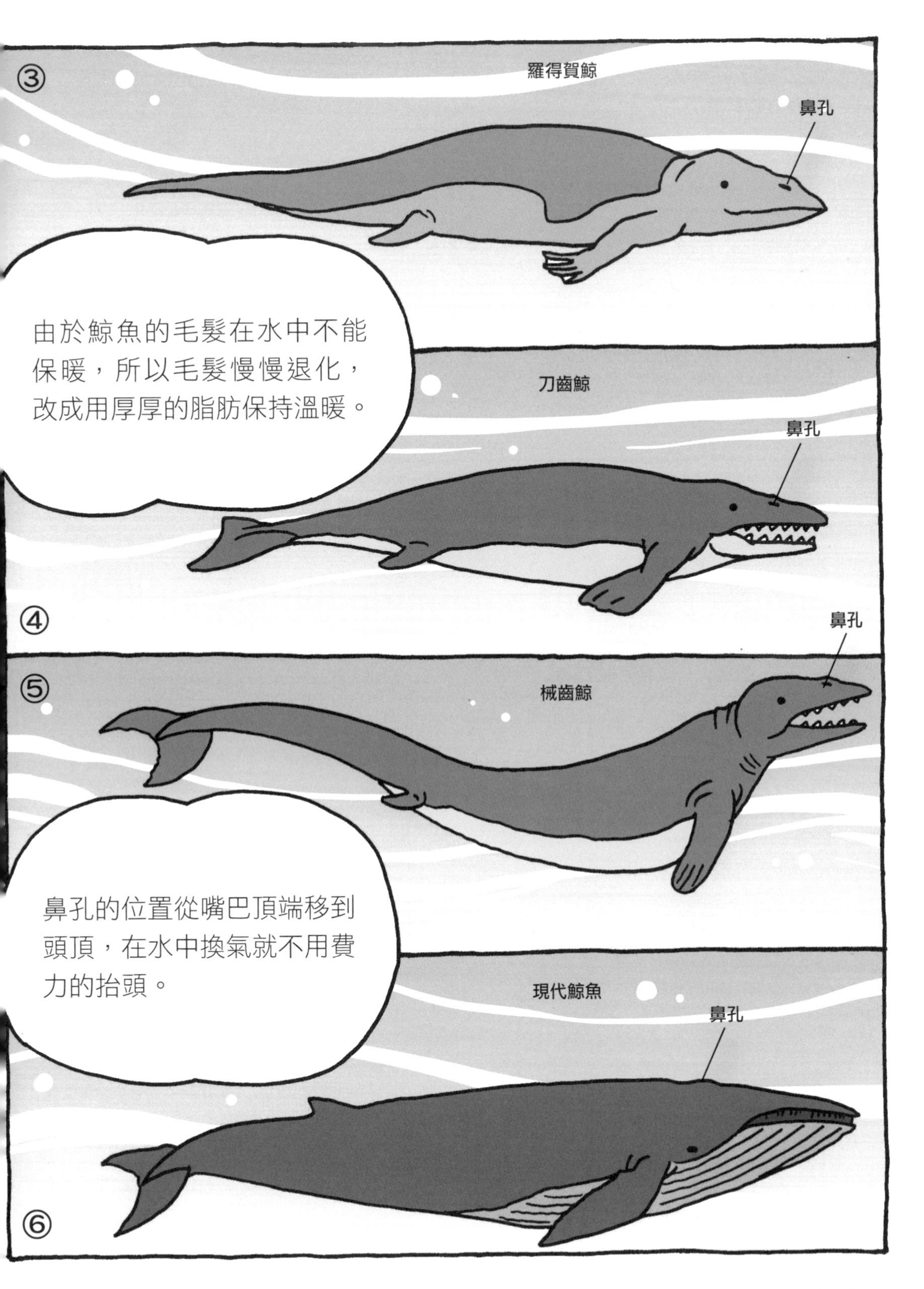
③
羅得賀鯨
鼻孔
由於鯨魚的毛髮在水中不能保暖，所以毛髮慢慢退化，改成用厚厚的脂肪保持溫暖。
刀齒鯨
鼻孔
④
鼻孔
⑤
械齒鯨
鼻孔的位置從嘴巴頂端移到頭頂，在水中換氣就不用費力的抬頭。
現代鯨魚
鼻孔
⑥

看在你們是
親戚的份上，
拜託拜託。

可憐的小寶寶
沒奶喝，可能會
活活的餓死……

咚
可是人家是男生，
要擠也沒奶……

不早說！
害我們說那麼多！
咕嚕嚕

唉……

走，乾脆直接去找
你的後代吧！

希望鯨魚孝順一點，
分一點乳汁給自己
的祖先喝。
走！

嘩～
嘩～
你說啥？
這傢伙是我祖先？

呀呀，
答答答。
……

**是呀，他可是來自
四千九百萬年前，
很難得喔！**

：你確定？他有四條腿，我們可沒有。
：不要懷疑。你們鯨魚的祖先曾經有四條腿，只是後來，後腿愈來愈小、愈來愈短，慢慢的「退化」成一塊小小的骨頭，隱藏在身體裡面，從外表看不見。
：你說我們的體內有「腳」？這倒是大消息，連我自己都不知道！
退化指的是——身上不需要的構造或器官，慢慢變小或失去功能。鯨魚身上也藏著退化的腿骨。
想看嗎？剖開肚子就可以看到喔！
ㄌㄩㄝ～我才不要。

動物演化的證據

證據 1 ：痕跡器官

動物的構造退化成沒有功能之後，就稱為「痕跡構造」或「痕跡器官」，因為它就像祖先留下的「痕跡」，殘留在後代動物的身體裡面。除了鯨魚和海豚，蛇的祖先其實也曾經有腳，所以我們現在仍然可以在少數蛇類身上，發現腳的痕跡。

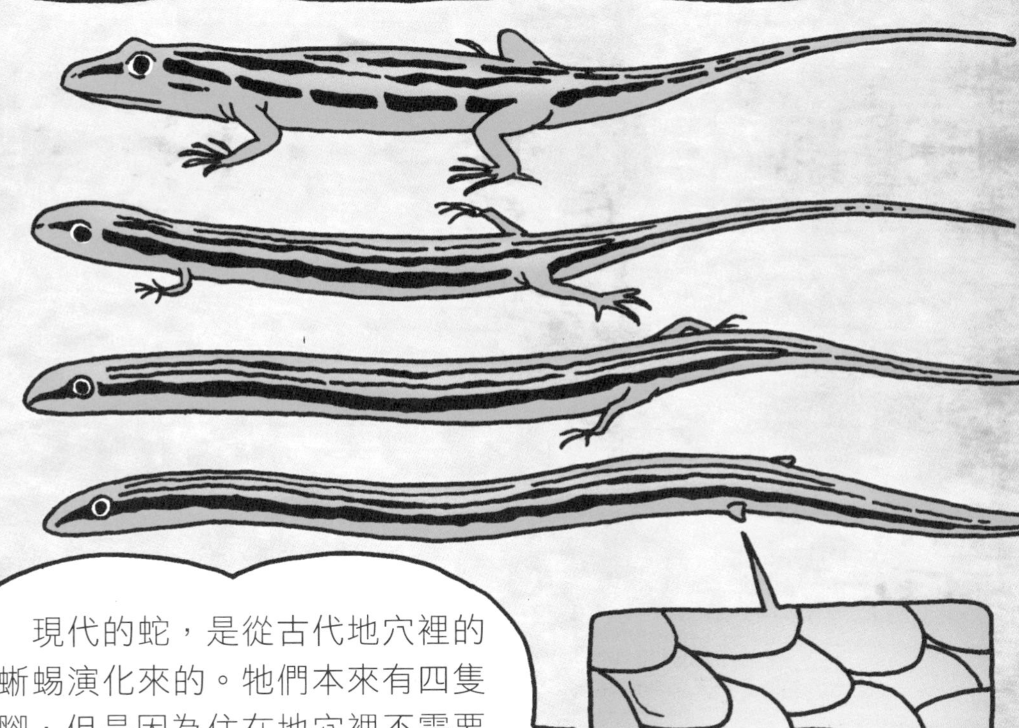

現代的蛇，是從古代地穴裡的蜥蜴演化來的。牠們本來有四隻腳，但是因為住在地穴裡不需要經常爬行，所以腳才慢慢退化。有一些現代蟒蛇的肛門兩邊，還有一對小刺，那就是退化的後腳。

證據 2 ：返祖現象

現代鯨類或蛇出生時，偶爾還會像牠們的祖先一樣長出後腳，稱為「返祖現象」。其實很多動物都有返祖現象，包括人類在內，像是有些嬰兒出生時長著小尾巴，這證明人類祖先曾經是有尾巴的動物。

？
咻－

！
噗通

嘻嘻嘻～
哈哈哈～
嘩
嘩

好吃！
真好吃！

原來他根本已經
會吃魚了嘛～

雖然還是沒奶喝，
但至少不怕餓死了。

耶！
太好了！

哈哈！
爬爬。

真沒想到，
我們的祖先
竟然有腳耶！
啦啦啦

演化真神奇，
我也想研究
古生物了。
滑滑，滑！

啊？

嘻嘻
噗

挖挖

那是鯨魚的鼻孔，不能亂挖！

嗯啊？
!

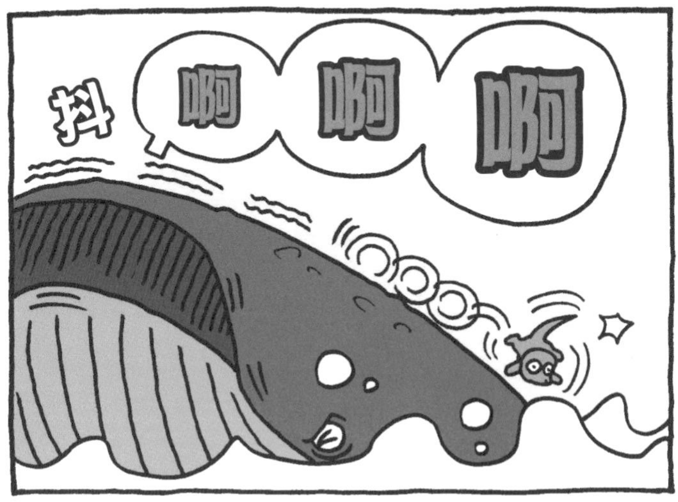
抖
啊
啊
啊

啾—

!

這是什麼啊？黏黏的？噴到我臉上……

不要摸！那是鯨魚的鼻屎！

鯨魚的鼻孔會噴出呼吸道的分泌物，類似我們的鼻涕或鼻屎。

噁……

我的辦案心得筆記

報案人：海水浴場救生員

報案原因：撿到一個不明動物的寶寶

調查結果：

1. 不明動物的寶寶原來是游走鯨。游走鯨的體型和捕食動作都很像鱷魚，但是屬於哺乳類，是鯨魚的祖先。

2. 游走鯨會游泳也會走路，雖然喜歡在海裡游泳，但是喝的水還是淡水，也必須上岸睡覺。

3. 在現代的陸地生物中，河馬和鯨魚的親緣關係最近。

4. 鯨魚體內還有退化的後腳，是祖先殘留下來的「痕跡器官」。

5. 鯨魚從陸地生物演化成海洋生物，花了不到一千萬年，是動物歷史上變化最快、最劇烈的案例之一。

調查心得：

天落紅雨，馬生角；
鯨魚長腿，大驚奇。

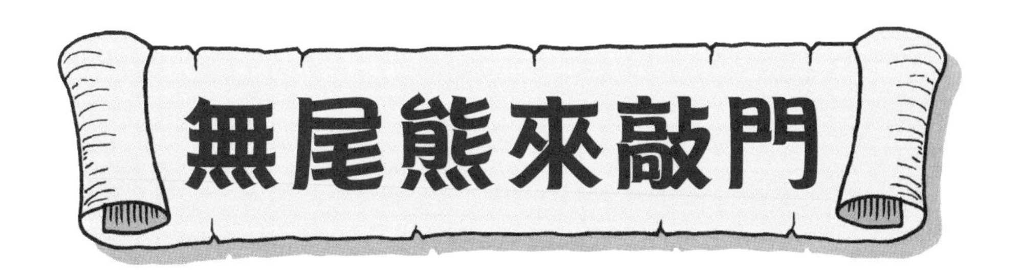
無尾熊來敲門

叩
叩
叩

回來啦？
自己進來！

呃……
是我……

！
咦，不是小博呀！
你是來報案的嗎？

聽說有人救到一隻古代
無尾熊送到這裡……

汪！
汪！
吼！
啊～啊！
汪！汪！
呼呼～
汪！
汪！
呼～

下來！
汪！

別～怕！
我羅賓漢來啦！
咻
？
？

喔不！別這樣
癡癡的看著我～
刷！

我只是一個
無名英雄。

牽著你的手邁向
幸福的遠方。

唧唧～
唧～
唧～

祝你幸福啊，
美人～

不用謝我，
下次再會！
……

所以啊……

我想來看看
我的祖先！

順便帶超好吃的點心
來孝敬他。

真孝順！
你的祖先一定
會很高興！

那我親愛的祖先，
在哪裡呢？

在你上面。

哈囉！你好～

姓　名	里弗斯利雨林無尾熊（學名 *Nimiokoala greystanesi*）
生存時間	距今大約 2300 萬～ 1600 萬年前
體　型	體長 25 ～ 30 公分、體重 3.5 公斤。體型很小，大約只有現代無尾熊的三分之一。
特　徵	和現代無尾熊很像，但是口鼻部分比較瘦長。牙齒呈W形，能像剪刀一樣剪碎食物。
生活習性	住在溫暖潮溼的雨林裡，大部分時間都躲在樹上，用巨大的叫聲警告同類不要入侵勢力範圍，很少下到地面，耳朵靈敏，能聽到遠在800公尺外其他無尾熊的叫聲。
待查事實	無辜受到野狗攻擊，被救到森林派出所。

：沒想到，我們的祖先這麼嬌小！除此之外，其他特徵都跟我們長得好像。

：我第一眼看到他，也很驚訝竟然這麼像。因為像鯨魚就跟他們的祖先相差十萬八千里（請見第 49 頁）。

：這真是令人感動的一刻。沒有祖先，就沒有我們！我一定要親手奉上最好的禮物。

這個！

是什麼好東西？
這麼寶貝。

當然是
天下無敵、
宇宙無雙、
世界空前、
霹靂好吃
的……

尤加利葉!!

我以為是什麼
好料，結果只是
一堆葉子……

這你不懂啦……
對無尾熊來說，
尤加利葉是世界上
最最最美味的東西！

：我們早也吃、晚也吃、吃飽了睡、睡飽再吃！
這輩子除了尤加利葉，我什麼都不想要！
：媽呀，早餐、午餐、晚餐都吃尤加利葉？！不膩嗎？
：才不會！只要是無尾熊都愛尤加利葉，所以我今天
早上採了最新鮮的尤加利葉，送給祖先吃。
呃呃……

啊！

祖先！
您怎麼啦？

終於回來了。
怎麼我才出去一下，
你們就餵他吃尤加利葉？

因為無尾熊說，無尾熊
最愛尤加利葉，所以我
們就……

尤加利葉有毒耶！
你看，現在害他
中毒了！
呃○○○○○○

：尤加利葉有毒，這我當然知道！

：什麼！你明知道有毒，怎麼還送給自己的祖先吃？！

：因為我們的腸子裡住著可以「解毒」的微生物。尤加利的毒素一吃進我們的肚子裡，就會被分解掉，所以無尾熊吃尤加利葉不會中毒！我們的祖先一定也一樣……

：誰說一樣？算了算了……救人要緊，先把牠送到醫院去吧！

尤加利葉有毒，
我才不想吃咧！

ㄌㄩㄝ

喂～這傢伙會跟我們搶
尤加利葉嗎？

世界上有六百多種尤加利樹，其中幾十種是無尾熊的食物。因為尤加利樹有毒，其他動物不會來搶食物，所以無尾熊可以安心的住在尤加利樹上。但是尤加利葉的營養成分不高，所以無尾熊一天要睡二十個小時，才不會浪費過多的營養和能量。

還好……

……
吃的不多，打個針就沒事了。

都怪我，我以為祖先跟我們一樣，從小吃過媽媽的「盲腸便」以後，就不怕尤加利的毒了……
育兒袋
肛門
盲腸便
當無尾熊寶寶吃下媽媽製造的「盲腸便」，裡面的解毒微生物就會在小寶寶的腸子裡繁殖，以後就能分解尤加利的毒性了。

對不起，都是我害的……

別再自責了啦，這不能怪你……

：要怪就怪地球的變化太大了……

：咦？小博，這怎麼說？

：在兩千多萬年前，無尾熊祖先生活的環境是「雨林」，不像現在是「尤加利森林」。

：怎麼可能？他們生活的地方跟我們一樣，都在澳洲啊！

：你說的沒錯。但是，古代的氣候和現代卻很不一樣。現在的澳洲很乾燥，適合尤加利樹生長，但在兩千多萬年前卻是潮溼的雨林。你們的祖先會吃各式各樣的雨林植物，卻不吃尤加利葉……

明明是同一個地方，為什麼氣候變化這麼大？

嗯，一定是「全球暖化」惹的禍！

ㄎ一ㄜ
不是什麼都跟全球暖化有關啦！

哈哈，那什麼原因你說說看。

大陸漂移
澳洲的天氣改變主要是因為「大陸漂移」。

我們腳下的陸地，看起來好像動也不動，但事實上，整塊陸地是會移動的！只是因為速度很慢，一年只移動幾公分，所以我們感覺不到。

大陸移動的現象，稱為「大陸漂移」，主要是因為「固態」的陸地底下是「液態」的岩漿，岩漿就像滾燙的熱水一樣會對流，所以帶動浮在岩漿上面的陸地緩慢移動。

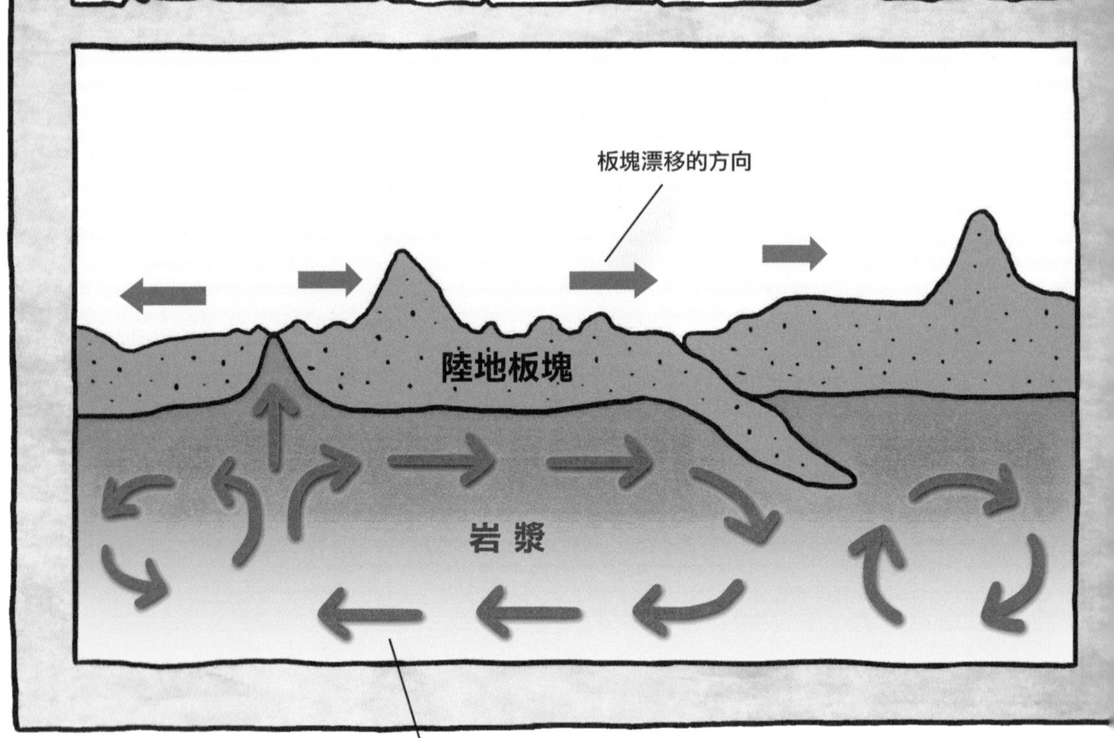

地球一直在改變

因為大陸漂移的關係，地球的陸地和海洋其實一直在改變位置，所以大陸上的氣候也會跟著變化。

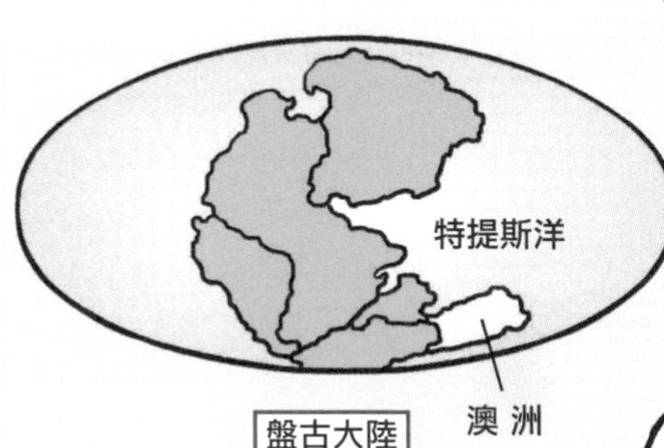

①兩億年前，地球只有一大片大陸，稱為「盤古大陸」。圖中黃色的部分，就是現在的澳洲。

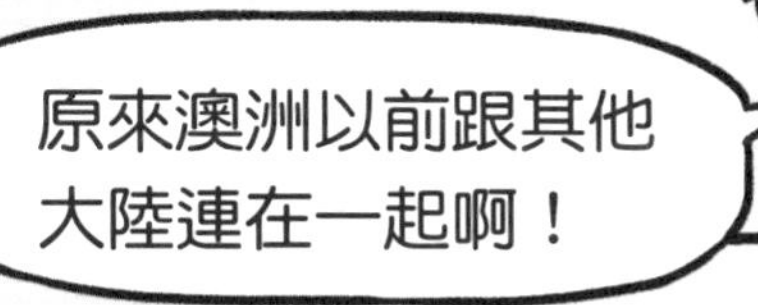

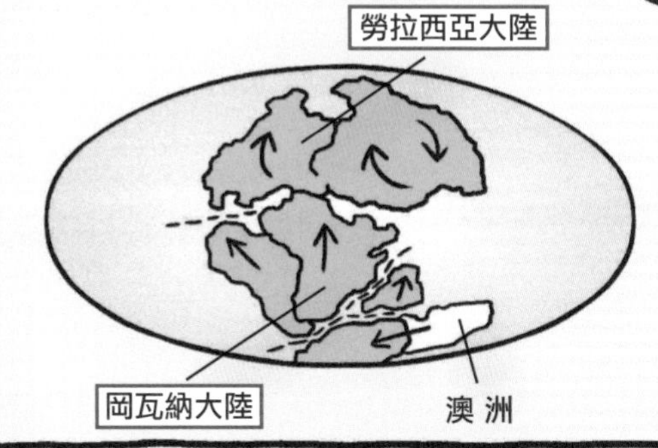

②一億三千萬年前，盤古大陸分裂成「勞拉西亞大陸」和「岡瓦納大陸」兩塊。

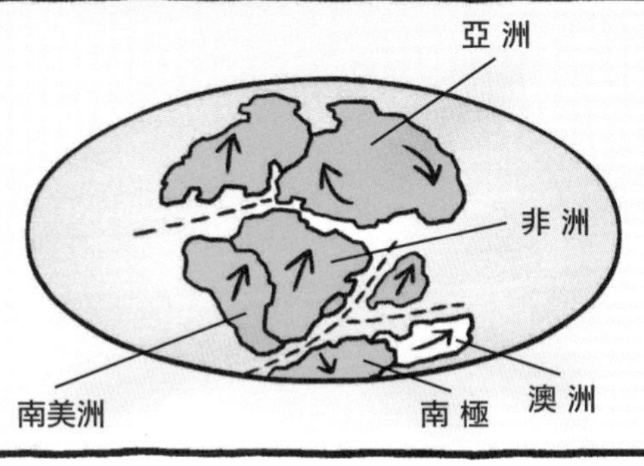

③一億年前，陸塊仍然不斷分裂。但當時的澳洲和南極仍然相連，而非洲也和南美洲連在一起。

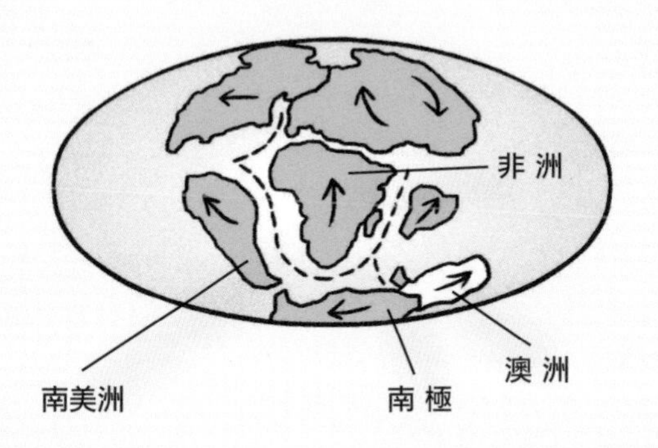

④六千五百萬年前，南美洲和非洲分開，澳洲也開始往北漂。無尾熊或類似無尾熊的祖先可能是在這個時期出現的。

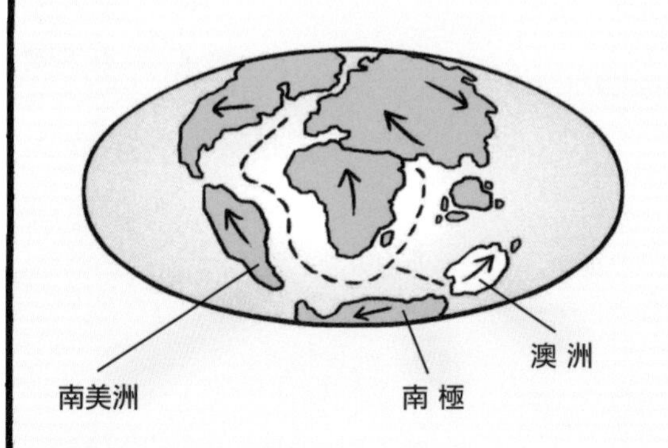

⑤一千六百萬年前，澳洲繼續往北方移動，氣候變得愈來愈乾，雨林慢慢消失，許多種類的古代無尾熊也開始走向滅絕。

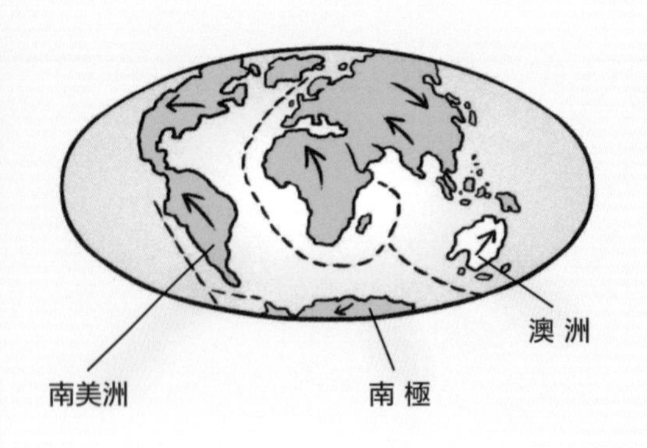

⑥現代的澳洲，氣候乾燥，適合整片的尤加利樹林生長，只有以尤加利葉為主食的現代無尾熊能生存下來。

簡單的說，澳洲以前有很多雨林，但是氣候變乾燥以後，雨林就漸漸消失，取而代之的是整片的尤加利樹林。

那我們的祖先怎麼辦？他們不就沒地方住，也沒東西吃了？

沒錯，所以他們會在一千六百萬年前消失，只有極少數能以尤加利葉為食物的無尾熊留下來，變成現代的無尾熊。

啊，不要！
我不要我的祖先死光光～～
哇
哇

別哭了……
那也是沒有辦法的事……
嗚嗚……

啊！

祖先，我想到
一個好辦法！

我做便便給你吃，你的肚
子就會有解毒微生物了！
!
!
!

最近有點便祕，
祖先你稍等一下……
用力
嘔！
嘔！

我的辦案心得筆記

報案人：無尾熊

報案原因：無尾熊的祖先吃尤加利葉中毒

調查結果：

1. 生活在兩千三百萬到一千六百萬年前的「里弗斯利雨林無尾熊」，可能是現代無尾熊的祖先。

2. 因為「大陸漂移」的結果，以前的澳洲曾經布滿潮溼的雨林，現在則變成乾燥的尤加利樹林。

3. 里弗斯利雨林無尾熊住在雨林裡，個子比現代無尾熊小，以雨林植物為食，不吃尤加利葉。

4. 動物和祖先可能長得很像，吃的食物卻完全不同。

食物中毒

調查心得：

大地滄海變桑田，需要多少年？
人生黑髮到白頭，彷彿一眨眼……

翼龍與鳥的戰爭

啾～
啾～

嘩！

！呱
啊啊……
怎麼啦？
呃啊～

啪啪啪
有妖怪！
蝙蝠洞
有妖怪！

?

唉！
都什麼年代了？
怎麼可能會有
妖怪嘛？

真的有！

我親眼看到，他
站起來這麼大……
這麼大！

一下子東，一下子
西，神出鬼沒，想
到就怕……

嗚
你是說像
這樣？

不要嚇人啦！
無聊耶你！

嘿嘿！

我小時候可是裝鬼高手，什麼妖怪的我都不怕……

啊啊！
來了！

啊！

出去
快跑啊！

給我滾……

滾出去！
啊啊，救命啊……

哎唷！

叩
？

什麼嘛，
原來這麼小一隻……
呃啊！
：根本不是什麼妖怪嘛！你是誰？你受傷了嗎？
：我……我是……好痛！
：啊！是翼龍！天哪！我太幸運了！他一定是那天跟著暴龍、游走鯨從飛碟裡被放出來的。對，一定是這樣！喔，我太興奮了……竟然能看到翼龍，真是太幸福了！
：真的嗎？你說他是翼龍？古代的翼龍不是都很大嗎？

隱居森林翼龍小檔案

姓　名	隱居森林翼龍（學名 *Nemicolopterus crypticus*）
生存時間	1 億 2000 萬年前
體　型	翅膀張開寬度為 25 公分，是最迷你的翼龍之一。
生活習性	大多數的翼龍住在海邊，以水裡的魚類為食，但是隱居森林翼龍不一樣，牠們是少數住在內陸的翼龍，擅長在樹林間穿梭，捕捉昆蟲來吃，還會利用翅膀上的腳爪來爬樹。
待查事實	躲在蝙蝠洞裡，裝成妖怪嚇人。

翼龍有很多種，有的很大，
但也有超迷你的翼龍，
像隻小鳥一樣。
風神翼龍
古神翼龍
隱居森林翼龍
人

不管了，
先拍照！

機會難得，
西瓜甜不甜……

喂喂，
這樣不對吧！

翼龍來到現代
雖然難得，
但也不能躲在洞裡，
裝神弄鬼嚇人啊！

何況被嚇破膽的還是他！你們翼龍的後代——蝙蝠！
!

把自己的子孫嚇成這樣，你忍心嗎？

……
吸吸
趨同演化
兩種沒有親緣關係的動物，因為適應類似的生活環境，演化出相同功能的器官或構造。
：達克比你搞錯了！蝙蝠不是翼龍的後代，他們是哺乳動物，和翼龍沒什麼關係。
：是嗎？他們明明長得很像，都有皮膜形成的翅膀，一看就是祖孫的模樣……
：不是長得像，就一定有祖孫關係。有時候，為了適應類似的生活環境，不同的動物，也可能演化出同樣的構造，這種情形叫做「趨同演化」。

動物翅膀的「趨同演化」

昆蟲、鳥類、翼龍、蝙蝠，都是非常不一樣的動物。牠們從不同的祖先演化而來，但是卻出現共同的特徵，那就是可以遨翔天際的「翅膀」，算是「趨同演化」的最佳案例。

仔細看，牠們的翅膀功能相同，構造卻大大不同，這就是牠們演化自不同祖先的具體證明。

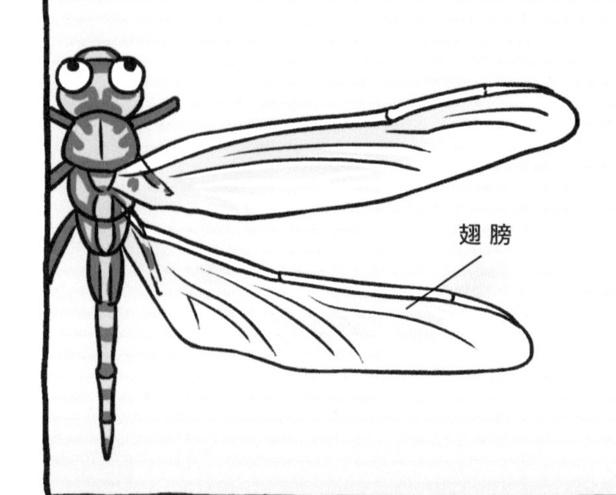

昆蟲

昆蟲翅膀可以算是「會飛的骨頭」，因為牠們的翅膀是由「外骨骼」向外延伸而成的。翅膀上有「翅脈」，翅脈裡有血管，成分主要是「幾丁質」。

翼龍

翼龍翅膀是由細長的第四指加上「皮膜」構成的。皮膜延伸到後腳和尾巴，另外三隻腳爪則從翅膀前端突出來。

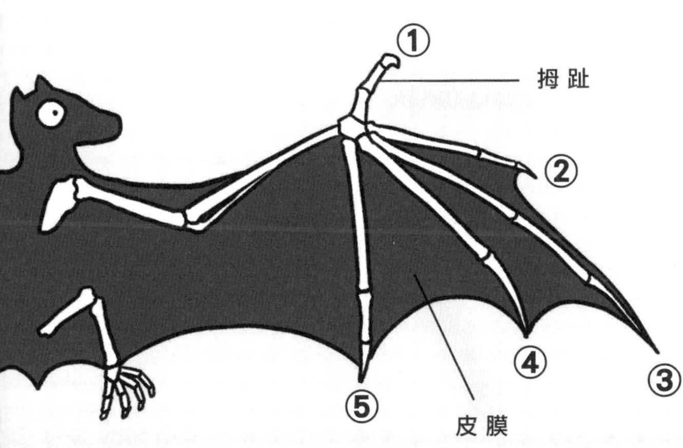

蝙蝠

蝙蝠的翅膀也和翼龍一樣是「皮膜」，但牠的皮膜是由四根腳趾構成，只有拇趾突出在翅膀上面。

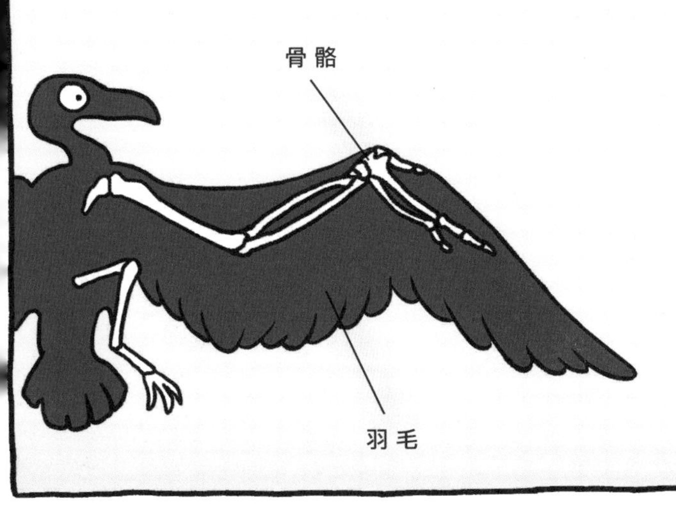

鳥

鳥類的翅膀是由骨骼、肌肉組成的，外面則覆蓋著羽毛。

原來翼龍跟蝙蝠沒關係，
那翼龍的後代到底是誰啊？

我拿圖鑑解釋
給你聽……

嘶～呃啊！

啊？他的翅膀破了一個
大洞，傷得很重耶……

我猜他跟我們蝙蝠一樣，
翅膀破了洞根本就
飛不起來！

：我懂了！你是不是因為受重傷，才故意裝妖怪嚇走我們，以為這樣才能安心的躲在洞裡養傷？

：是的，其實我心裡很害怕……

：可惡！難得有翼龍出現在現代世界，當偶像崇拜都來不及了，竟然有人把你咬成這樣？

：是鳥類！那些長著羽毛的傢伙，是我們翼龍的死對頭……

没事了！塗幾天藥，
傷口癒合就可以
繼續飛了。

真好！我們古代沒有醫生，
早知道我來治療就好，
不用裝鬼嚇人。

接下來，我要去抓那
兩隻壞鳥。隨便咬人是
傷害罪……

我要叫他們親自來
醫院照顧你，為他們
犯下的錯誤負責！

其實……

吼！
是我先去咬他們的……

在我們生存的古代，恐龍是陸地之王，而天空是翼龍的天下。可是後來有鳥類出現，跟我們競爭食物和天空的霸權……
所以你看鳥不順眼，自己去找他們打架？
兩億多年前，翼龍幾乎獨霸了地球的天空。但是大約過了七千萬年以後，原始鳥類也開始成為飛行好手，與翼龍在天空展開競爭。

我只是想咬破他們的翅膀，
讓他們不能飛來搶我地盤。
NO！NO！NO！

翼龍，你錯了……
鳥類跟你們不一樣，就算被咬掉幾根羽毛，還是照樣能飛！這就是為什麼幾千萬年以後，地球到處有鳥類，而你們翼龍卻消失不見的原因。
啊！！

翼龍、鳥類爭天下

在漫長的大自然歷史中，不是每種動物都能留下後代。有時候，就算是原本很強盛的動物家族，也會因為環境突然變得惡劣，或是出現強勁的競爭對手而慢慢失去優勢，最後消失在這個世界上。曾經風光一時的翼龍，就是一個例子。

在翼龍出現之前，能在天空飛翔的動物只有昆蟲，尤其是蜻蜓，牠們統治著天空，到處追逐弱小的獵物。直到三疊紀末期，翼龍出現才取代蜻蜓的地位，成為天空霸主，但後來又有新的對手鳥類出現。

兩億一千萬年前，翼龍的祖先演化出翅膀，開始主宰地球的天空。

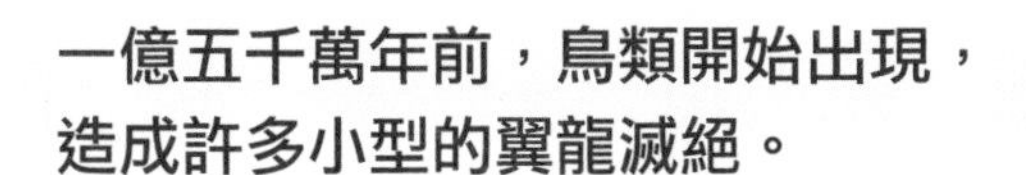
一億五千萬年前，鳥類開始出現，
造成許多小型的翼龍滅絕。

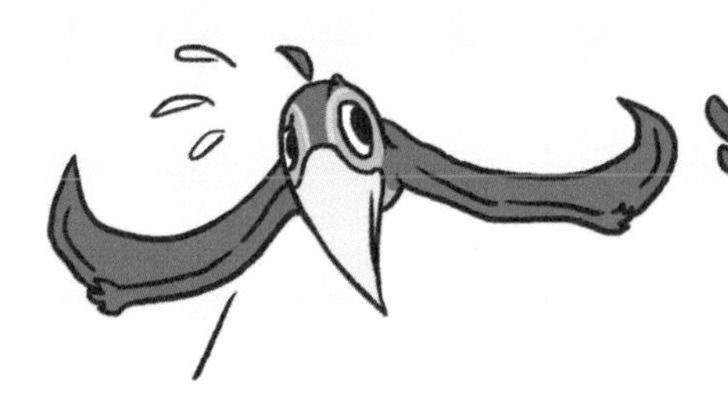
借過，我們鳥兒
也要加入天空。
滑翔為主，比較依賴氣流，
翅膀破了就難以飛行，
可能是把蛋埋進土中孵化，繁殖速度慢。
羽毛破損還是能主動飛行，
飛行方式靈活，
會孵蛋，繁殖速度快。

哇，好大的
翼龍！
八千萬年前，鳥類地盤擴大，只剩幾種
巨無霸型的翼龍生存在海邊。

安息吧！我們鳥兒會
好好活下去的！
六千五百萬年前，隕石撞擊地球，造成恐龍和
翼龍滅絕，只剩下鳥類留存至今日。

沒想到……

我們還是輸給
鳥類了……

我本來以為可以
找他的子孫來
照顧他……

看來，只好自己來了。

喲呼～
別追我……
哈哈哈！

耶！我又可以飛了！
復原的真快，
太棒了！
咔嚓
咔嚓

你看！

這可是全球唯一，
活生生的翼龍在天空
飛翔的照片！

嘻嘻，賣給雜誌社
賺零用錢～

刷

啊！
翼龍也……

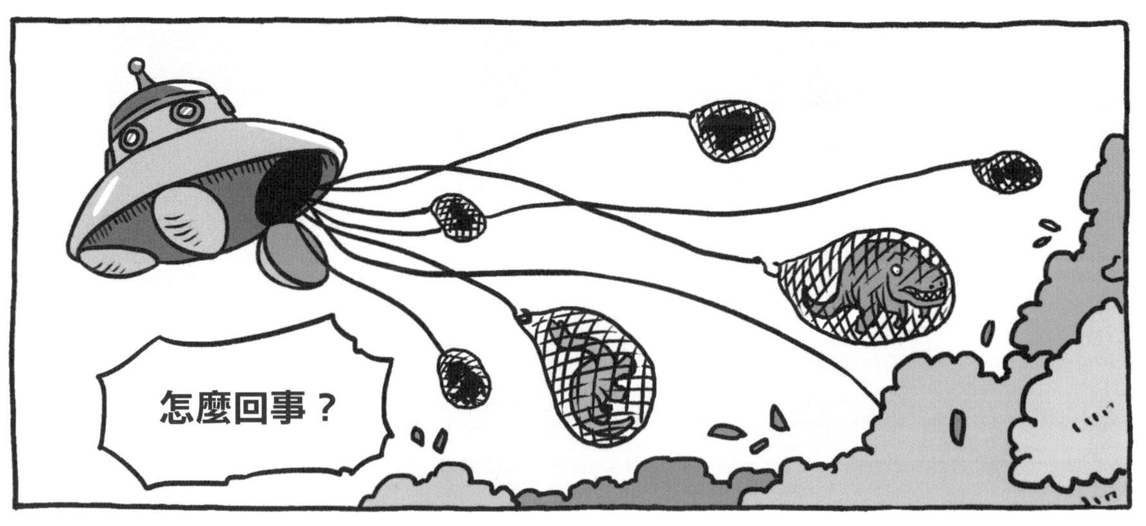
怎麼回事？

小博快逃！
啊……
啊……

既然這樣……

……

等我~
咻！

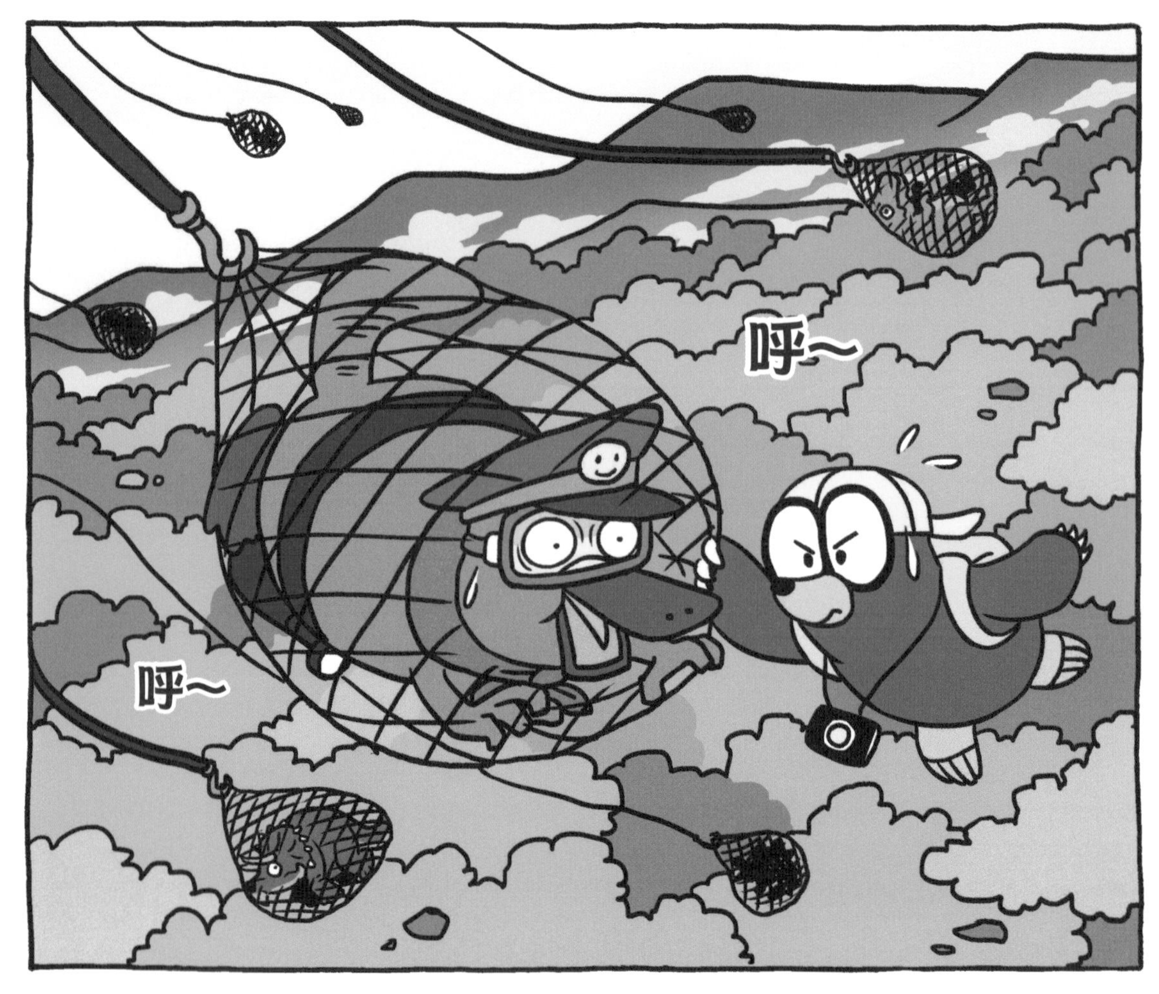
呼~
呼~

我的辦案心得筆記

報案人：蝙蝠

報案原因：妖怪入侵蝙蝠洞

調查結果：

1. 洞裡的妖怪是小翼龍假扮的。雖然翼龍和蝙蝠很像，但是翼龍並不是蝙蝠的祖先。

2. 原始鳥類曾是翼龍的競爭對手，但後來翼龍家族絕種了，沒有留下後代，鳥類卻生生不息繁衍到今日。

3. 沒有親緣關係的動物卻演化出相同功能的構造，稱為「趨同演化」。像昆蟲、鳥類、蝙蝠和翼龍……都有翅膀，就是趨同演化的最佳例子。

4. 到目前為止，科學家還不確定蝙蝠是由什麼動物演化而來，但蝙蝠和狗、馬可能有共同的祖先。

調查心得：

時間像是魔術師。
刷！從黑色的魔術帽飛出小鳥，
砰！在一陣白煙中翼龍消失～

太空船上的活化石

咻！
咻！

%▼○！
（笨死了！）
咚！

咻

◎※%◇＊……
（還好全部又抓了回來……）
嗚～

%*# ◎○♀☆◇◢※*？
（放動物回地球前，竟然沒先飛回古代？）
@～@～
（啊～啊～）

%*#△◎&☆○+@……
（忘記調整時空按鈕了，對不起嘛……）
哼！

%*# ◎* +# ◎*？
（對不起有什麼用！萬一他們到現代搗亂怎麼辦？）

▽☆%◎◢#□♀×？
（到時我古生物調查專家的臉往哪裡擺？）
嗚～

?!
☆%◎

△◎# ?◎※*△◎&?
（這是什麼？我記得
之前沒抓過啊？）

#◎%# *#！
（一定是你！又出錯！
你這傢伙……）
叭！

○×%$，△▼☆!○◤？
（可是根據古生物自動辨識器，
他是一億多年前的動物沒錯
啊？）

□◢◎♀×▼◆◎¢☆#……
（自己發明的機器壞掉，
還隨便怪我……）
%◎¢◆……
（我可憐的小腿腿……）

×¢☆#？
（機器壞了？）

△×%$？☆￥#△☆¢……
（我的發明怎麼會壞？難道是
他跟古代動物長得一樣……）
驚醒

◢！&￥，△※＊&○！
（算了，既然已經抓上來，
研究一下就知道！）

☆¢！
（來人啊！）
＊￥・！
（是，團長！）

△■☆△！
（把他架上解剖台！）

啊啊啊！
救命啊～

噫……
救命呀！
外星人要解剖人啦～
有誰快來救我啊～

呃！
啊！
咻
咻

不要殺我啊～

！

幹嘛指人家重要
部位，變態……
？

◣×♀！
（少囉嗦！）
嗚嗚嗚～

×□cc！！
刷

×%△○&》@※
*@#0¢£¥£

&＊××%△○&》@
&＊×△%＊＊%
《&＊××μ×%△
#%△○&》@……

&＊×%△○
△%＊&
×%△○&……

＊×○&》@◆◎¢☆？
（怎麼又冒出來一個不速之客啊?）
△○&》μ#？
（他在說什麼呀？）

×△○&》
@《&＊！
♀×▼◆＊……
（該不會是在罵我們吧……）

？◎※¢＊△，
◎&#★◎〒＊。
（算了，去拿我的自動翻譯麥克風來。）

○$$⊿，#☆……
（我倒聽聽，他究竟是想說些什麼……）

兩位好，聽得懂我的話，就說「香蕉奶茶熱冰棒」。
呼，終於……香蕉奶茶熱冰棒。
：很好。我們是黏巴答星球的「地球古生物調查團」，你有什麼話，現在可以說了。
：太好了！我就知道！你們跟我是同行，都是研究古生物的！
：不好意思，有話快說……其他動物很快就會醒來，我們還有很多事要做。
：我說我說。你們不能解剖達克比！達克比是鴨嘴獸，鴨嘴獸是珍貴的「活化石」，所有人都應該好好保護他！

活化石？
那是什麼意思？

難道是化石
復活？
吼！

刷

虧你還是
專家……
ㄎㄨㄤ
科科～

「活化石」指的是長相古老、
構造原始的生物。他們古代的
同類都已經絕種、變成化石了，
只剩他們活到現代……
鸚鵡螺
肺魚
鱟(ㄏㄡˋ)

什麼是「活化石」？

最早提出「活化石」說法，是演化論始祖：英國博物學家、生物學家查爾斯．達爾文（Charles Robert Darwin，1809～1882）。1859年，他在遊歷了世界各地並研究許多生物以後，寫下這段話：

「某些生物在演化過程中，可能是因為生活環境沒有變化，或是缺乏其他競爭對手，使得牠們的外形幾乎沒變，保留著原始的古老樣貌，一直活到現代，我們可以把牠們叫做『活化石』」。

不過到了現在，有些生物學家並不同意這個說法。因為這些被稱為「活化石」的生物，並不是完全沒有改變，牠們雖然比同類多活了好久好久，但還是有細微的演化，不是真的和古代生物完全一樣。

數種有趣的活化石

矛尾魚

矛尾魚屬於「腔棘魚」的一種。人類本來以為腔棘魚已經在六千五百萬年前全部滅亡，但是南非的一位漁夫卻在 1938 年捕到一條活生生的矛尾魚，才知道還有腔棘魚活到現代。

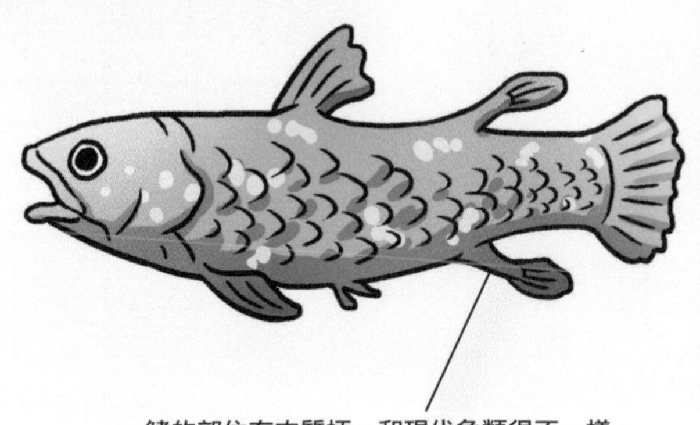

鰭的部位有肉質柄，和現代魚類很不一樣。

霍加狓（狓讀為ㄆㄧ）

霍加狓又被稱為「短頸鹿」。牠們是長頸鹿唯一還沒有絕種的古代親戚，跟還沒有演化出長脖子的長頸鹿祖先長得很像，直到 1901 年才被非洲剛果森林以外的人們發現。

銀杏

兩億多年前，銀杏的同類植物曾經廣泛分布在世界各地，後來卻慢慢消失。到了現代，只剩下一種銀杏留下了來，所以被稱為「植物界的活化石」。

現代的裸子植物，葉片通常似針狀，而銀杏雖然也是裸子植物，葉片卻很寬大。

鸚鵡螺

鸚鵡螺在幾億年前就出現在海洋中了，牠們曾有兩千五百種同類生物，但到了現代只剩七種。

鸚鵡螺有殼，是古老的頭足類，但包括章魚、烏賊等現代的頭足類，都沒有外殼。

鱟（ㄏㄡˋ）

鱟在五億年前就出現了，但到了後來，鱟的同類不是滅絕就是演化成其他生物，只有四種鱟還一直留存到現代，外形則幾乎沒有改變。

肺魚

兩億多年前到處都有肺魚，但現代只剩五種肺魚生活在赤道附近。當河水乾枯時，牠們會改用鰾當做肺來呼吸，還能用魚鰭緩慢爬行，這可能是陸地動物四隻腳的由來。

是嗎？就憑他？

鴨嘴獸……

有沒有可能是「他」的後代？
嗯？你說誰……

在一千萬年前的地球
抓到的這隻……
他們兩個長得很像……

!

：不信的話，我把他也架上解剖台，跟現代的鴨嘴獸比較一下就知道啦！
：哇嗚嗚，我不要被解剖！哇嗚嗚……
：難得你這麼聰明！我一時沒聯想到，這麼看來，他們兩個長得還真像。
：是老大教得好！你曾說過，動物的演化不能只看外表，演化的線索有時候藏在身體內部，要仔細研究和比較，才能找出動物之間的演化關係。
救命啊！小博，你快想想辦法！別讓他們把我開膛破肚啊！
揮
揮

嗶

原來
嗞
嗞

把透視解剖的結果，
投射到大螢幕上！
沒問題！

咔

摸
摸
摸

記得掃瞄他們兩個的 DNA，
把結果一起分析出來……
嗚哇哇～

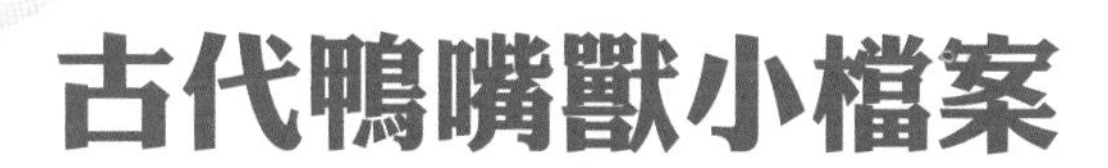

古代鴨嘴獸小檔案

姓　名	巨齒鴨嘴獸（學名 *Obdurodon tharalkooschild*）
發現地點	澳洲昆士蘭
生存年代	大約 1500 萬～ 500 萬年前
體型大小	體長 1 公尺，幾乎是現代鴨嘴獸的兩到三倍。
生活習性	跟現代鴨嘴獸一樣喜歡在河裡覓食，但現代的鴨嘴獸成年以後沒有牙齒，古代的巨齒鴨嘴獸卻有銳利的牙齒，可能會吃肺魚、青蛙、有殼的蝦蟹、貝類，甚至小型的烏龜。
待查事實	古代巨齒鴨嘴獸是現代鴨嘴獸的祖先嗎？或者只是來自古代的親戚呢？

現代鴨嘴獸
一樣的地方
不同的地方
古代巨齒鴨嘴獸
年
體
牙
喀擦

分泌乳汁，但是沒有乳頭
有毛髮，屬於「哺乳類」
腳上有蹼，適合在水中活動
卵生
扁平的嘴巴
代：10 萬年前到現在
長：30 ～ 48 公分
齒：幼小時有牙齒，成年後無齒
500 ～ 500 萬年前
100 公分
牙齒，可以咬碎堅硬的食物
鴨嘴獸是「活化石」
很古老的年代就已經出現。
身體構造很原始。
外形樣貌幾乎沒有改變。
其他同類大部分已經滅絕。
跟現代動物很不一樣。
難怪古生物自動辨識器會認錯……
他們真的很像呢！

改變最少的現代動物——鴨嘴獸

如果問生物學家：「現存最古老、外形改變又最少的哺乳類動物是什麼？」「鴨嘴獸」肯定是第一名。鴨嘴獸的家族成員在大約一億五千萬年前就已經出現，牠們的細微構造和DNA雖然或多或少有些變化，但外形卻大致上沒什麼改變。而且，一般的哺乳類是「胎生」，鴨嘴獸卻是「卵生」。像這樣的卵生哺乳類現在全世界只剩三種，分別是鴨嘴獸和另外兩種「針鼴」，其他都已經絕種了，所以鴨嘴獸是非常重要的「活化石」，能幫助人類瞭解胎生哺乳類是如何從卵生哺乳類演化來的。

原來……

這就是我的
祖先耶！

只是可能～先不用
高興太早……

祖先～我們竟然在
這裡祖孫相逢！
醒

您說，這緣分是不
是超級難得……

你這個大變態！
吼！

啊啊
竟敢趁我睡覺時啵我！

矮冬瓜！
大色鬼！
救命

你給我過來！
嗚嗚，祖先，請你不要對自己的後代那麼兇……

吵成這樣，該讓這場鬧劇結束了……
哇啊啊！

咚！

咚！

咚！

夠了！被失憶槌打過頭，
就會忘記這所有事情……

時間到了，
放他們回地球！

送給他們小驚喜……

去吧！以後你們
會忘記我們……

但我們會永遠記得
你們這些可愛的
地球生物！

砰!

快走吧！出發～
咻

我們聊到哪兒了？

我的辦案心得筆記

報案人：忘記了

報案原因：不知道

調查結果：

1. 鴨嘴獸在一億五千萬年前就已經出現，是地球上改變最少的古老生物，也是珍貴的「活化石」。

2. 「活化石」就是指其他同類都已經絕種、變成化石，只剩牠們還活存到現代的古老生物。

3. 以前古代曾有一種大型的「巨齒鴨嘴獸」，有堅硬的牙齒，能咬破烏龜殼，體型是現代鴨嘴獸的兩到三倍，但已經絕種。

4. 奇怪……為什麼我會知道這些？是誰告訴我的……

調查心得：

應該是夢到的吧……

有夢最美

下集預告

達克比的跨時空體驗會遭遇什麼危機呢？

請看下集分解

小木屋派出所新血召募
想和動物警察達克比一起出任務嗎？來個理解力大考驗，測試自己的辦案能力吧！

拿出達克比辦案的精神，

1 鳥類羽毛經過漫長時間的演化，才變成今日利於飛行的模樣，請排出羽毛演化過程的正確順序。

答：＿＿＿＿＿＿＿＿＿＿＿＿＿＿＿＿＿＿＿＿

2 鯨魚是從陸地生物演化而成海洋生物，請在空格上填寫這四種鯨魚由遠至近的出現排序。

刀齒鯨

械齒鯨

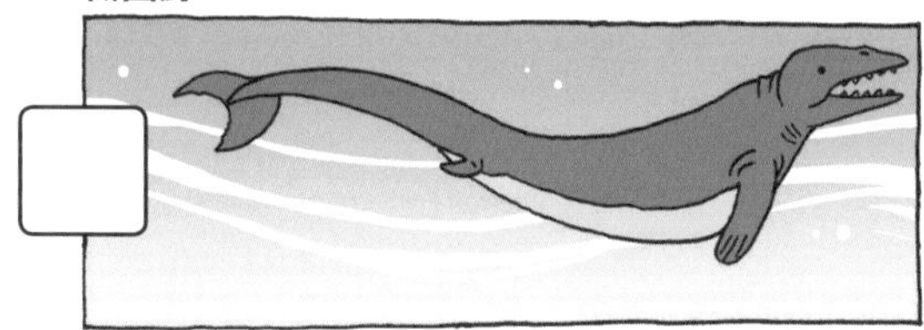

現代鯨魚

羅得賀鯨

請找出下列題目的正確答案。

3 下列這三種翅膀，分別屬於翼龍、蝙蝠和鳥，請把這些翅膀連到正確的對應動物。

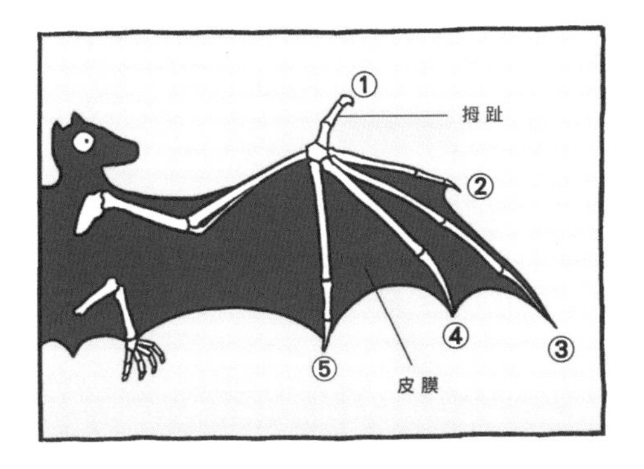

解答篇

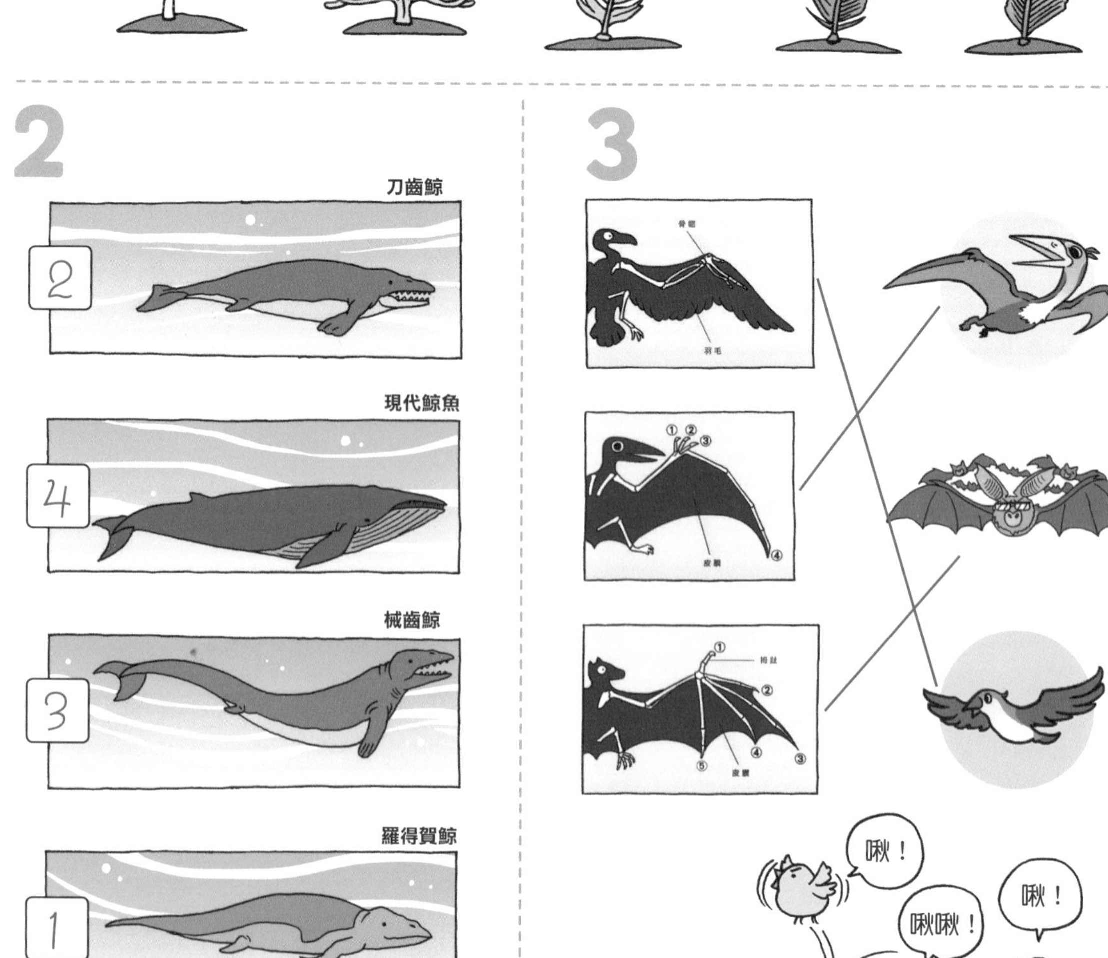

● 你答對幾題呢？來看看你的偵探功力等級

答對一題	☹ 你沒讀熟，回去多讀幾遍啦！
答對兩題	☺ 加油，你可以表現的更好。
答對三題	☻ 太棒了，你可以跟達克比一起去辦案囉！

多讀達克比，你以後
就可以跟我一樣變成
厲害的動物專家喔！

達克比辦案❻
暴龍遇到雞
動物的祖先與演化

作者 胡妙芬
繪者 彭永成、柯智元
責任編輯 林欣靜
美術設計 蕭雅慧
行銷企劃 陳雅婷

天下雜誌群創辦人 殷允芃
董事長兼執行長 何琦瑜
媒體暨產品事業群
總經理 游玉雪
副總經理 林彥傑
總編輯 林欣靜
行銷總監 林育菁
主編 楊琇珊
版權主任 何晨瑋、黃微真

出版者 親子天下股份有限公司
地址 台北市 104 建國北路一段 96 號 4 樓
電話 （02）2509-2800
傳真 （02）2509-2462
網址 www.parenting.com.tw
讀者服務專線 （02）2662-0332 週一～週五：09:00~17:30
讀者服務傳真 （02）2662-6048
客服信箱 parenting@cw.com.tw

法律顧問 台英國際商務法律事務所・羅明通律師
製版印刷 中原造像股份有限公司
總經銷 大和圖書有限公司 電話：（02）8990-2588
出版日期 2018 年 12 月第一版第一次印行
2024 年 7 月第一版第二十五印行
定價 320 元
書號 BKKKC109P
ISBN 978-957-503-067-4（平裝）

訂購服務

親子天下 Shopping ｜ shopping.parenting.com.tw
海外・大量訂購 ｜ parenting@cw.com.tw
書香花園｜臺北市建國北路二段 6 巷 11 號 電話：（02）2506-1635
劃撥帳號｜ 50331356 親子天下股份有限公司

國家圖書館出版品預行編目（CIP）資料

達克比辦案 6, 暴龍遇到雞：動物的祖先與演化 / 胡妙芬文；彭永成、柯智元圖. -- 第一版. -- 臺北市：天下雜誌, 2018.12
136 面；17×23 公分
ISBN 978-957-503-067-4（平裝）
1. 生命科學 2. 漫畫
360 107018324

P28、29 圖片提供：Shutterstocks 圖庫